U0172478

国家科学技术学术著作出版基金资助出版

晶体生长微观机理及晶体生长边界层模型

Microcosmic Mechanism of Crystal Growth and Boundary Layer Model of Crystal Growth

殷绍唐 著

科学出版社

北京

内 容 简 介

传统的晶体生长理论模型创建时,受时代限制,缺乏原位实时观测晶体生长过程微观结构演化的实验基础,难以真实、完整地反映晶体生长过程中微观结构的演化。本书突破了晶体生长机理研究的传统思维,采用高温激光显微拉曼光谱和同步辐射 X 射线衍射等现代观测技术,从微观尺度上,原位实时观测晶体生长过程中微观结构的演化。发现了晶体熔融生长时,熔体(高温溶液)和晶体之间存在熔体(高温溶液)结构向晶体结构过渡的晶体生长边界层,在边界层内,生长基元已具有单胞结构。生长晶面电荷静电场的计算,证明了生长界面上存在周期性丘状网格静电场。生长基元在界面静电场的作用下的取向获得调整,并在静电力的作用下准确叠合到生长界面的格位上。在这些研究的基础上,创建了原创性的晶体生长边界层理论模型,模型对晶体生长过程中微观结构演化的各个环节都有实验和理论描述,准确反映了晶体生长微观结构演化的实际过程,并揭示了不少晶体生长宏观规律或经验现象的微观机制。

本书对研究和学习晶体生长理论的师生,对物理、化学相关专业的师生有重要的参考价值,是从事晶体生长领域的科研和技术人员的重要参考书。

图书在版编目(CIP)数据

晶体生长微观机理及晶体生长边界层模型/殷绍唐著. —北京:科学出版社,2020.8

ISBN 978-7-03-061432-2

Ⅰ. ①晶… Ⅱ. ①殷… Ⅲ. ①晶体生长–机理②晶体生长–边界层–模型 Ⅳ. ①O78

中国版本图书馆 CIP 数据核字(2019) 第 107481 号

责任编辑:刘凤娟 郭学雯/责任校对:杨 然
责任印制:吴兆东/封面设计:无极书装

科 学 出 版 社 出版
北京东黄城根北街 16 号
邮政编码:100717
http://www.sciencep.com

北京建宏印刷有限公司 印刷
科学出版社发行 各地新华书店经销

*

2020 年 8 月第 一 版 开本:720×1000 B5
2022 年 1 月第三次印刷 印张:11 插页:3
字数:215 000
定价:98.00 元
(如有印装质量问题,我社负责调换)

序　言　一

《晶体生长微观机理及晶体生长边界层模型》一书即将付印出版，这是殷绍唐先生多年从事晶体生长基础研究工作的总结，也是他在晶体生长微观机理研究中取得的原创性的理论成果。殷先生是长期在功能晶体生长研究前沿努力耕耘的科学家，为我国激光晶体的发展做出了很大贡献。

功能晶体是国家建设和科学技术发展不可或缺的重要基础材料。我国功能晶体研究自 20 世纪 70 年代开始走上独立自主发展的道路以来，硕果累累，在国际上具有重要地位。随着新晶体材料的不断涌现，相应的晶体生长体系也越来越复杂。从基础研究着手，阐明晶体生长机理和突破晶体生长关键技术是功能晶体发展的重要趋势。对于复杂成分的生长体系而言，传统晶体生长理论模型不足以真实完整地反映出晶体生长过程中微观结构的演化，因此也较难应用于指导晶体生长的实践。大多优质晶体的生长工艺主要是靠晶体生长工作者在实践中不断地探索取得的，这与研究工作受到当时研究条件和仪器的限制相关。晶体生长被很多人看成是一门"技艺"，需要很长的实践探索时间才可能生长好一种新的晶体。研究并揭示晶体生长微观机理，有利于晶体生长工艺的科学发展。

在国家自然科学基金委员会的持续支持下，殷绍唐研究团队及合作单位采用高温激光显微拉曼光谱技术和同步辐射 X 射线衍射技术等现代新技术，从原子、分子尺度上对数十种熔融法制备的晶体的生长过程进行了原位实时观测实验。研究结果揭示，在熔体和晶体之间存在熔体结构向晶体结构过渡的晶体生长边界层，且边界层内的生长基元已具有单胞结构和确定的取向。通过生长界面静电场的计算，证明了生长基元的取向是界面周期性网格静电场调节的结果，它们在电场力的作用下准确地定位于生长界面的格位上。在此基础上，作者创建了具有原创性的晶体生长理论模型——晶体生长边界层理论模型。该模型注重于晶体生长过程中的结构演化，力图给出可靠的证明。因此，可以运用该理论模型来探索晶体生长的一些宏观和经验规律，解释生长现象及其形成的微观机制；揭示与晶体生长工艺密切相关的微观过程，为晶体生长工艺的科学设计奠定基础，提供优质晶体，更好更快地满足国家重大需求。

从书中可以看到作者研究的逻辑思维和方法，也可以看到作者及其实验团队如何设计实验并取得满意结果的技术路线，以及如何应用所创建的晶体生长理论模型分析认识晶体生长宏观规律和生长现象的微观机制。该书不但反映了许多有创新意义的理论成果，也为我们的科学研究提供了很好的借鉴和范例。这是一本对晶体生长科技工作者和相关研究人员有参考价值的新书。

吴以成
中国工程院院士
2018 年 9 月 6 日

序 言 二

我们期待已久的《晶体生长微观机理及晶体生长边界层模型》一书终于完成，即将付印出版。这本书是殷绍唐先生多年从事晶体生长基础研究工作的总结，也是我国晶体生长工作者对晶体生长理论的发展。殷绍唐先生多年从事激光晶体的生长和研究，成绩斐然，为我国功能晶体走向世界、保持国际前沿水平做出了贡献。近年来，殷绍唐先生潜心晶体生长微观机理和晶体生长边界层的实验和理论研究，终于出版此书，其中不乏原创和具有新意的成果，可以帮助我们进一步理解晶体生长的过程，指导晶体生长的实践，有理论意义和实用价值，值得我们认真学习。这对于当前一些浮夸和急功近利的科研之风，也是一面极好的镜子。

传统的晶体生长理论模型大多是以晶体结构及生长过程的简化作为基本假设而创建的。受当时实验仪器水平的限制，缺乏原位实时观测晶体生长过程中微观结构演化的实验基础，所提出的理论和模型很难得到实验验证，难以真实、完整地反映出晶体生长过程中微观结构的演化，因此，也很难用于指导晶体生长实践。本书作者突破了传统晶体生长机理研究思维的束缚，利用高温激光显微拉曼光谱技术和同步辐射 X 射线衍射技术等现代观测技术，从原子、分子尺度上，原位实时观测晶体生长过程中的微观结构演化，在国际上首先发现了晶体熔融生长时，熔体和晶体之间存在熔体结构向晶体结构过渡的晶体生长边界层。通过对生长晶面电荷静电场的计算，证明了生长晶面上存在周期性丘状网格静电场。在晶体生长界面静电场的作用下生长基元的取向获得调整，并在静电力的作用下准确叠合到生长界面格位上。在以上研究的基础上创建了晶体生长边界层理论模型，模型对晶体生长过程中微观结构演化的各个环节都做了理论描述，以期准确反映晶体生长微观演化的实际过程，并希望晶体生长宏观规律或经验现象微观机制的研究在晶体生长边界层模型中获得答案或验证。所以本书不但对研究和学习晶体生长理论的师生有重要的参考价值，而且对从事实际晶体生长的科研和技术人员也有重要的参考价值。

本书是晶体生长实践和理论研究相结合的一个范例，也是对晶体生长理论指导晶体生长过程的一次成功实践。我希望这部作品的出版能够推动我国晶体生长的基础研究向更深层次发展，最终能形成可以指导晶体生长实践的完整理论，使晶体生长真正由科学和技艺的结合而发展成为在科学指导下的技艺和实践。

王继扬
国际晶体生长组织执委
山东大学、天津理工大学教授

前　　言

　　功能晶体是国家建设和科学技术发展不可或缺的重要基础材料。我国功能晶体研究在独立自主发展的道路上，成果累累，具有重要的国际影响和地位。随着新晶体材料的不断涌现，相应的晶体生长体系也越来越复杂。从基础研究着手，阐明晶体生长机理和突破晶体生长关键技术是功能晶体发展的重要趋势。对于复杂成分的生长体系而言，传统晶体生长理论模型很难真实完整地反映晶体生长过程中微观结构的演化，因此也较难应用于晶体生长实践的指导。优质晶体的生长工艺主要靠晶体生长工作者在实践中不断地探索取得，这与研究工作缺少完整的工艺设计理论指导有关，同时也与研究条件和仪器设备的限制有关。因此晶体生长被很多人看成是一门"技艺"，需要相当长的工艺探索时间，才可能生长好一种新的晶体，故有"十年磨一晶"之说。因此研究揭示晶体生长的微观机理，是晶体生长工艺的科学发展的关键。

　　在国家自然科学基金委员会的多次持续支持下，作者研究团队及合作单位采用高温激光显微拉曼光谱技术和同步辐射 X 射线衍射技术等现代新技术，从原子、分子尺度上对熔融法制备的不同类型的晶体生长过程进行了原位实时观测实验。研究结果表明，在熔体（高温溶液）和晶体之间存在熔体（高温溶液）结构向晶体结构过渡的晶体生长边界层，边界层内的生长基元已具有单胞结构和确定的取向。生长界面静电场的计算，证明了生长基元的取向是界面周期性网格静电场调节的结果，它们在电场力的作用下准确地叠合到生长界面的格位上。在此基础上，创建了有原创性的晶体生长边界层理论模型。应用该模型可以解释晶体生长的宏观和经验规律形成的微观机制，揭示与晶体生长工艺密切相关的微观过程，为晶体生长工艺的科学设计理论的创建奠定基础，实现更快更多地生长优质晶体，满足国家发展的重大需求。

　　为了使读者全面地了解晶体生长理论模型的历史发展，以及本书建立的模型与其他模型的差别，特在本书中对先前的晶体生长理论模型的发展进行了历史回顾。

作　者

2017 年 7 月 9 日

目　　录

第 1 章   晶体生长理论模型的历史回顾

人工晶体出现至今已有上百年的历史, 晶体生长理论研究也有上百年的历史。探索晶体生长的宏观规律和生长机理成为晶体生长理论研究的两个主要方面。在晶体的宏观生长规律研究方面, 已取得了许多对晶体生长有指导意义的成果, 如分凝规律、位错线延伸规律、组分过冷规律等; 在晶体生长机理研究方面, 出现了以晶体的周期性结构为基础的多种晶体生长理论模型。这些模型无疑对晶体生长的发展起到了一定的作用, 但是, 这些模型都不是建立在晶体生长过程中微观结构演化的原位实时观测的实验基础上的, 因此, 很难准确地反映晶体生长的微观机制, 也就很难应用它们指导人工晶体生长的实践。在这些模型中, 仲维卓先生提出的阴离子配位多面体理论是一种接近反映晶体生长微观机制的理论, 但也还有需要深入研究和完善的关键问题。本书为了使读者全面地了解晶体生长机制模型的历史发展, 以及本书建立的模型与其他模型的差别, 特在本书中对先前的晶体生长理论模型的发展进行历史回顾。

1.1   晶体生长的几个界面理论模型

1.1.1   光滑界面理论模型 [1]

晶体是怎样生长的? 1927 年, Kossel(考赛尔) 提出了晶体生长的光滑界面理论模型。所谓光滑界面, 是指从原子或分子的层次来看, 晶体生长界面在原子层次上是没有凸凹不平的光滑平面, 固相与液相之间的转化是突变的。Stranski 和 Kaischew 等进一步将这个理论发展为二维成核的光滑界面理论, 该模型认为: 在晶体生长过程中, 在光滑界面上形成二维晶核, 使得光滑界面上出现台阶 (step), 由于三面角的位置束缚能比较高, 原子或分子便在此进入格位, 这样连续叠合, 便形成新的晶面。当一层生长完成后, 晶体若要继续生长, 就必须在新的光滑界面上形成二维晶核, 然后再重复上述过程 (图 1.1)。Kossel 等提出的这种模型过于简单, 它仅是从晶体长程有序的结构特征出发构想的一种晶体生长模式, 难以通过实验证实, 也不能对许多实际晶体生长中的现象给出合理的解释。

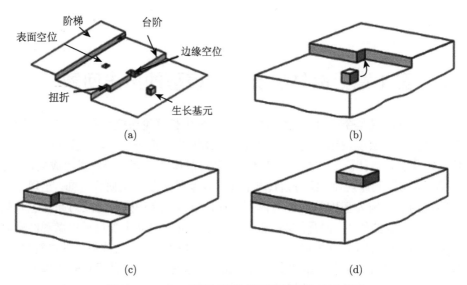

图 1.1   Kossel 晶体面结构模型和晶面生长示意图

1.1.2   非完整光滑界面理论模型 [2]

光滑界面理论模型对许多晶体生长中的现象很难给出合理解释，同时根据该模型，晶体生长要在光滑界面上进行的条件是在光滑界面上出现台阶，这就要求晶体生长时具有较大的结晶驱动力。按照晶体生长热力学和动力学理论计算，要在光滑界面上形成二维核，过饱和度必须大于 25%，然而，在观察实际的水溶液晶体生长时，过饱和度小于 1% 时晶体便可实现生长 [2]。

为了克服光滑界面理论模型的缺陷，1949 年，Frank(弗兰克) 在法拉第学会讨论会上提出了非完整光滑界面理论模型，即螺旋位错理论模型。Frank 考虑到晶体结构的不完整性，认为晶体生长界面上必然存在一定数量的位错，这些位错露头点就可以作为晶体生长台阶源。如果一个纯螺旋位错和光滑的奇异面相交，在晶面上就会产生一个永不消失的台阶源，在生长过程中，晶体将围绕螺旋位错露头点旋转生长，螺旋式的台阶将不随原子面网一层一层地铺设而消失，而是呈螺旋状连续生长，使晶面不断向前推移 (图 1.2)。

Frank 的非完整光滑界面理论模型虽然认为位错露头点可以作为晶体生长的台阶源，但是只给出了螺旋位错生长机制的图像，而没有给出其他位错作为台阶源实现晶体生长的图像，因此，该理论模型本身还需要完善和补充。

闵乃本先生在 1992 年对该理论模型作了补充和完善 [3]，他指出，除螺旋位错之外，任何类型的位错、层错、孪晶等都能成为永不消逝的台阶源，并在此基础上提出了晶体生长的层错机制、孪晶机制以及重入角生长和粗糙面生长的协同机制，从而使非完整光滑界面晶体生长机制得到了发展 [4]。

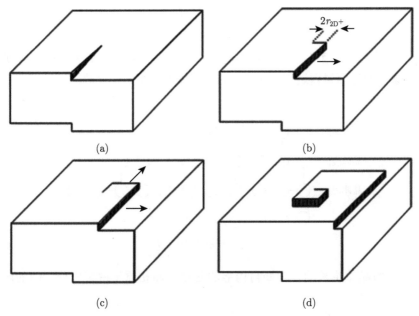

图 1.2　螺旋状台阶的发展

1.1.3　粗糙界面理论模型 [5,6]

　　光滑界面上不同位置吸附的分子具有不同的势能，在台阶上扭折处的势能最低，故扭折处是晶体生长位置。因此，在光滑界面的生长过程中，台阶和扭折起着关键作用。在光滑界面上，由于台阶不能自发产生，只能通过二维成核方式产生。这种情况意味着光滑界面生长不是连续的，必须在完成一层生长后通过二维成核机制在该层上产生新的台阶，生长才能够继续进行。

　　然而，晶体生长是连续过程。针对这种情况，Jackson 在 1958 年提出了粗糙界面理论模型，通常称为双层界面模型，在双层界面模型中，界面层中既有晶相原子，又有流体相原子，在恒温、恒压的先决条件下，他对界面层中的流体相原子转变为晶相原子所引起的界面层中吉布斯自由能变化的计算方法进行了推导。在推导过程中，仅考虑晶体表层和界面层两层之间的相互作用，认为界面层为单原子层 (图 1.3)，该模型中晶相原子和流体相原子的比例为 $x/(1-x)$。为了简化计算过程，给出如下假定：晶相原子与流体相原子之间无相互作用；流体相原子之间无相互作用；晶相原子只考虑其最近邻之间的作用；忽略了界面层内原子的偏聚效应 (即原子集团的作用)。单原子层中所包含的全部晶相和流体相原子都位于晶格位置上，吸附原子进入界面是随机的，遵循统计分布规律。Jackson 通过该模型对双层界面

生长时相变熵的计算方法进行了推导, 获得了界面相变因子 (Jackson 因子) 的计算公式:

$$\alpha = \frac{L_0}{RT_e} \cdot \frac{n}{\gamma} \tag{1.1}$$

其中, α 为 Jackson 因子, L_0 为结晶潜热, T_e 为凝固温度, R 为理想气体状态常数, n 为原子的界面层内近邻原子数, γ 为晶相内部原子配位数。

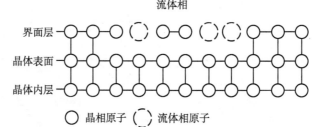

图 1.3 粗糙界面模型

界面层内晶体生长的吉布斯自由能的变化与晶相原子占有成分之间的函数关系为

$$\frac{\Delta G}{NkT_e} = \alpha x(1-x) + x \ln x + (1-x) \ln(1-x) \tag{1.2}$$

其中, G 为吉布斯自由能, N 为界面层内总原子数, k 为玻尔兹曼常量。

从上面的计算公式可以看出, α 的大小直接影响了吉布斯自由能的变化。

在光滑界面和粗糙界面理论模型中, Jackson 因子 α(相变熵值) 的大小, 可作为界面粗糙程度的判断依据。若相变熵值小于 2, 则判定此结晶物质的生长界面是粗糙的; 若相变熵值大于 4, 则判定此结晶物质的生长界面是光滑的; 若相变熵值介于 2 和 4 之间, 则判定此结晶物质界面是粗糙还是光滑还要取决于界面的取向。

1.1.4 多层界面模型 (扩展界面模型)

双层界面模型与晶体生长体系中的晶体–流体界面存在差异, 因此, 1966 年, Temkin 考虑了更为复杂的界面过程, 提出了扩展界面模型, 又称多层界面模型。该模型如图 1.4 所示, 每层的显露面不尽相同, 模型以简单立方晶体为例, 考虑其 (001) 面, 将每个生长单元 (原子、分子、离子或原子集团) 视为一个 "砖块", 只考虑最邻近的相互作用, 即一个 "砖块" 有 4 个水平键和 2 个铅直键, 并不要求水平键和铅直键的强度相等。将流体视为均匀连续介质, 晶体–流体界面则是 "砖块" 和流体的接触面, 所以, 晶体–流体界面可以是多层结构的, 层间距是 (001) 面的面间距。

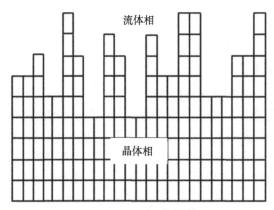

图 1.4 扩展界面模型

根据这些条件，Temkin 对 Jackson 的晶体生长相变熵 $\alpha = \dfrac{L_0}{RT_e} \cdot \dfrac{n}{\gamma}$ 进行了简化和修正，给出了新的相变熵计算公式 $\Delta S = \dfrac{L_0}{kT_e}$。当界面层所包含的原子层数达 20 层时，其相变熵的数值为 0.466；当界面层所包含的原子层数仅为 2 层时，其相变熵数值为 3.31。因此，相变熵小于 3.31 时，界面是多层的，晶体生长可称为扩展界面或弥散界面生长，而相变熵等于或大于 3.31 时，界面的层数仅为 2 或 1，可称为锐变界面生长。

1.2 SE 理论模型与 BFDH 理论模型 [7-10]

1.2.1 SE 理论模型

1872 年，Haüy 提出的多面体晶型 (生长形态) 是由立方体 (晶胞) 按照不同的三维次序堆砌而成的。1875 年，Gibbs 提出晶体具有多面体形态 (生长形态) 是为了降低总自由能，即

$$\sum_j \sigma_j A_j = \min \qquad (1.3)$$

1901 年，Wulff 用变分法证明了式 (1.3) 成立的条件。在恒温和等容的条件下，如果晶体总的表面自由能最小，那么其相应的晶体形态为平衡形态。从晶体生长最小表面自由能原理出发，可以求得晶面的线性生长速率与该晶面的表面自由能成比例。

$$\frac{\sigma_1}{h_1} = \frac{\sigma_2}{h_2} = \cdots = \frac{\sigma_j}{h_j} = \text{const} \qquad (1.4)$$

其中，h_j 为由平衡形态的晶体中心到第 j 个晶面的垂直距离，σ_j 为第 j 个晶面的单位表面上的自由能，即比表面自由能，两者成正比，且正比于晶面生长速率。这

一规律表明,比表面自由能小的晶面,生长速率小;面网密度大的晶面,比表面自由能小,这样的晶面最终保留下来。

1.2.2   BFDH 理论模型

1886 年,Bravais(通常译作布拉维或布拉菲) 提出在自由生长情况下最终保留下来的晶面 (hkl) 是面间距 (d_{hkl}) 较大的晶面,其面网密度也较大 (原子或离子的面密度较大)。Friedel 分别于 1904 年、1905 年、1907 年通过对晶体进行大量的观察,证实了 Bravais 的理论。晶体中心到各个晶面 (hkl) 的距离用 h_{hkl} 来描述,对应的晶面的比表面自由能可表示为 σ_{hkl},法向生长速率表示为 R_{hkl},则

$$h_{hkl} \propto R_{hkl} \propto \frac{1}{d_{hkl}}$$

在 X 射线衍射的基础上进一步讨论高级晶族,可以确定,当晶胞中含有对称中心时,某些晶面所对应的面间距减半。对 Bravais 点阵 (14 种),这种减半在如下情况下发生:

体心点阵:$h + k + l$ 为奇数;

面心点阵:h、k、l 中既有奇数,也有偶数;

底心点阵:h、k、l 中两个非底心对应面的指数之和为奇数。

1937 年,Donnay(唐纳) 和 Harker(哈尔克) 提出,当晶体结构中存在螺旋对称轴时,将影响与该轴垂直的晶面面间距,其面间距应乘以修正因子 β,修正因子 β 的数值为该轴等效对称操作次数的倒数。例如,2_1 为绕 2 次轴螺旋对称 1 次,$\beta=1/2$;4_2 为绕 4 次轴螺旋对称 2 次,$\beta=1/2$;6_5 为绕 6 次轴螺旋对称 5 次,相当于反向操作 1 次 (当操作次数 m 大于轴次数 n 的一半时,相当于反向操作 $n - m$ 次),$\beta=1/6$。

当晶体结构中存在滑移对称面时,由于发生滑移对称操作后所形成的晶面间距与面网密度都比相应的无滑移对称操作减半,所以晶体生长形态中出现单形的比重次序也发生变化。

Donnay 和 Harker 进一步指出,可能生长面与晶体对称性相关,较高指数面优先于低指数面生长,最终决定晶体形态的面是低指数面。当一个晶体的法向生长速度比相邻晶面慢时,该晶面在晶体生长过程中总是逐渐扩大;如果其法向生长速度比较快,该晶面便有可能逐渐缩小甚至完全消失。

SE(surface energy,表面能) 模型和 BFDH(Bravais-Friedel-Donnay-Harker) 法则根据表面能变化和晶体对称性的相关性,分析了晶体在低受限 (自由生长) 条件下晶体形态形成的规律,对晶体形态的多样性给出了合理的解释,但是,该模型并没有真正给出晶体生长时生长基元的形成规律和特征,因此,只是一个宏观的表象规律。

1.3 周期键链理论模型 [6,11]

周期键链 (periodic bond chains, PBC) 理论是 1955 年 Hartman 和 Perdok 在晶体化学基础上建立的。该理论认为晶体中存在着一系列不间断的强键连贯成的键链, 与晶体中质点呈周期性重复排列的特征相一致, 链内强键的链接方式也是呈周期性重复的, 这样的链称为周期键链, 也就是 PBC。因此, 代表三个最强的键链方向的 P、B、C 方向和晶体单胞的 A、B、C 三个方向是一致的。晶体的表面能与这些化学键的键能直接相关, 晶体生长最快的方向是化学键最强的方向。值得注意的是, 与晶体晶面生长速率相关的化学键并不是晶体中所有的化学键, 部分强共价键 (例如, 一些分子中原子间形成的共价键) 在晶体生长之前就已经形成, 并不参与结晶过程, 因此, 在 PBC 理论中所指的强键方向不是指这些强键。

在 PBC 理论模型中, 将强键的矢量方向定义为 PBC 矢量方向。图 1.5 为直角坐标系下建立的 PBC 理论模型, 以 A、B、C 三个方向来表示 PBC 矢量方向。值得注意的是, 对于直角坐标系表示的晶族 (正交、四方、立方), PBC 矢量通常也构成直角坐标系; 对非直角坐标系表示的晶族 (三斜、单斜、六方和三方), PBC 矢量构成的坐标系通常为非直角坐标系。

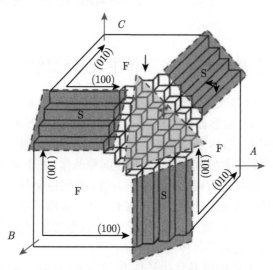

图 1.5 根据 PBC 矢量确定晶面类型

根据相对于 PBC 矢量的方位, 可将晶体中可能出现的晶面分为三种类型:

(1) F 面: 包含两个或两个以上共面的 PBC 矢量称为平坦面。一个结构单元附着于 F 面上, 只形成一个不在 F 面上的 PBC 矢量, 即只形成一个强键。因此附着能小, 生长速度最慢。例如, 图 1.5 中直角坐标系下的 (100)、(010)、(001)、($\bar{1}$00)、(0$\bar{1}$0)、

$(00\bar{1})$ 面。

(2) S 面: 只含有一个 PBC 矢量的平面, 即只有一个 PBC 矢量能够投影在其上的平面, 也称为台阶面。当相应的结构基元结合到 S 面上时, 所形成的强键至少要比 F 面多一个 (在图 1.5 中为两个), 所以生长速度虽较 F 面有所增加, 但也较慢。例如, 图 1.5 中直角坐标系下的 (110)、(011)、(101)、$(1\bar{1}0)$、$(01\bar{1})$、$(\bar{1}01)$、$(\bar{1}10)$、$(0\bar{1}1)$、$(10\bar{1})$、$(\bar{1}\bar{1}0)$、$(0\bar{1}\bar{1})$、$(\bar{1}0\bar{1})$ 面等 (考虑面法线方向有正负号的差别)。

(3) K 面: 不含有 PBC 矢量的平面, 也就是没有 PBC 矢量能够投影在其上面的平面, 亦称为扭折面。当相应的结构基元结合到 K 面上时, 形成强键的数目又比 S 面要多一个 (在图 1.5 中为三个), 附着能最大, 因此其生长速度最快。例如, 图 1.5 中直角坐标系下的 (111)、$(\bar{1}11)$、$(1\bar{1}1)$、$(11\bar{1})$、$(\bar{1}\bar{1}1)$、$(1\bar{1}\bar{1})$、$(\bar{1}1\bar{1})$、$(\bar{1}\bar{1}\bar{1})$ 面等 (考虑面法线方向有正负号的差别)。

由于 PBC 理论考虑到了晶体内部周期性化学键与晶体结晶形态之间由表及里的联系, 故而人们认为该理论与晶体生长实际比较接近。但是, 对于解释同一种晶体在不同的物理、化学生长条件下结晶形态的变化仍然显得不足。因为该模型只考虑了晶体的化学键链, 没能将晶体生长物理、化学条件对结晶形态的影响一并考虑进去, 所以, 晶体生长习性中的一些问题尚未得到圆满的解释。另外, 对极性晶体生长过程中正负面生长速率差异悬殊的问题, 用 PBC 理论模型也是很难解释的。

1.4　负离子配位多面体生长基元模型 [12-17]

负离子配位多面体生长基元模型是由仲维卓等提出的晶体的生长模型, 该模型从晶体结构出发, 结合数学计算和模拟, 尝试给出晶体生长基元和晶体生长形态形成的较为清晰的图像。晶体生长形态由构成晶体的各族晶面生长速率决定, 与晶体内部结构和外部生长条件密切相关。即使是同种晶体, 在不同生长条件下也可具有不同的生长形态, 这就是所谓的晶体生长习性。在配位型晶体中, 正离子被负离子包围; 正离子总是最大限度地与负离子接触; 正、负离子半径比 (R_+/R_-) 决定了正离子周围负离子的配位数; 正离子和符合配位数要求的负离子构成了具有一定几何构型的多面体, 它们是晶体基本结构单元。

模型主要应用于低受限度晶体生长体系。所谓低受限度晶体生长体系是指晶体在水溶液、热液或高温溶液 (溶剂法) 中生长时存在溶质的体系。在这样的体系中, 构成晶体所需的物质 (即溶质) 在溶剂中有相当的溶解度; 存在因浓度差造成的溶质扩散, 因温度差或重力造成的对流, 各种粒子运动自由程较同成分熔体生长体系明显提高。

模型提出两个基本假设:

(1) 生长基元存在假设: 在低受限度晶体生长体系中, 溶质相互作用, 或者溶质与溶剂相互作用, 形成具有一定几何构型的聚集体, 进而在生长界面上叠合结晶。这些聚集体称为生长基元。

(2) 结构一致性假设: 低受限度体系晶体生长过程可简化为生长基元在界面上的叠合。在界面上叠合的生长基元必须满足晶面取向的要求。生长基元结构单元与相应晶体结构单元一致。

模型建立在现代溶液理论基础上, 认为电解质溶液中的正、负离子都不是以单个离子形成而孤立存在的, 当正、负离子彼此接近时, 通过库仑作用彼此结合成较大的且有一定几何构型的离子基团, 晶体生长可以认为是整个离子基团在生长界面上的叠合。该模型主要应用于晶体生长动力学和晶体生长形态学, 对晶体的结晶习性和晶体形态给予理论上的预测与解释。利用该模型已经成功地解释了 SiO_2、ZnO、ZnS、α-Al_2O_3、TiO_2 等晶体的生长习性和结晶形态。

在解释硼酸盐晶体生长习性差异方面, Eugene 等考虑了阳离子在晶体生长中的作用, 进而提出了晶体生长过程中的晶体生长基元是由阳离子与阴离子基团共同组成的关联复合体 (associative complexes, AC), 晶体的生长是由溶液或熔体中的 AC 生长基元与各面族链接完成的 [18-20]。AC 生长基元中阳离子被分为两类, 一类是束缚阳离子, 它处于阴离子基团中, 移动性较差, 与外围的阴离子配位体一起形成阴离子基团; 另一类是自由阳离子, 它处于阴离子基团的外部, 起电荷平衡的作用, 自由阳离子具有较高的活动性, 对于熔体的结晶能力起关键性作用, 并用 AC 生长基元解释了 α-BaB_2O_4、BBO 等硼酸盐晶体的结晶行为 [18-20]。

负离子配位多面体模型给出了生长基元是具有一定几何构型的聚集体, 生长基元的取向和生长界面取向一致等特征。这些特征已经体现了晶体生长时的部分微观机制, 已有许多晶体生长实验结果, 例如, 水溶液法生长 KDP、水热法生长水晶和 α-Al_2O_3 等说明了该模型是一个很接近晶体生长微观机制的模型。但是, 该模型的生长基元的结构、生长基元的形成环境和条件、生长基元的结构的演变过程都还需要通过进一步的深入研究。所以, 该模型为晶体生长微观机理的研究提供了方向。

参 考 文 献

[1] Kossel W. Extending the Law of Bravais. Göttingen: Nach. Ges. Wiss., 1927: 135.

[2] Frank F C. Discussions of the Faraday society. Discussions of the Faraday Society, 1949,5:48.

[3] 闵乃本. 实际晶体的生长机制. 人工晶体学报, 1992, 21(3): 217-219.

[4] Verneuil A.Production artificielle du rubis par fusion. C.R.Paris, 1902, 135: 791.

[5] Jackson K A. Liquid Metals and Solidification . Amer. Soc. Met. , 1958.

[6] 闵乃本. 晶体生长的物理基础. 上海：上海科学技术出版社,1982.

[7] Gibbs J W. The collected works of J. W. Gibbs. Longmans, 1928.

[8] Bravais A. Etudes Cristallographiques, 1866 .

[9] Friedel G. Etudes sur la loi de Bravais. Bull. Soc. Franc. Mineral., 1907 , 30:326.

[10] Donnay J D H, Harher D. Am. Mineral., 1937, 22:463.

[11] Hartman P, Perdok W. Acta. Cryst., 1955, 8:521.

[12] 施尔畏, 陈之战, 元如林, 等. 水热结晶学. 北京：科学出版社, 2004.

[13] Spaepen F, Turnbull D. Crystallization processes. Laser Annealing of Semiconductors, 1982.

[14] 仲维卓, 华素坤. 晶体生长形态学. 北京：科学出版社, 1999.

[15] 仲维卓, 华素坤. 晶体生长基元与结晶习性机理. 人工晶体学报, 1997, 26: 188.

[16] 仲维卓, 华素坤. 负离子配位多面体生长基元与晶体的结晶习性. 硅酸盐学报, 1995,33(4): 464-470.

[17] 仲维卓, 华素坤. 晶体中正负配位多面体生长基元与晶体的结晶习性. 化学通报,1992,12: 17.

[18] Tsvetkov E G. Model concept on the role of structure-forming cations in self-assembling of molten crystallization media with ionic–covalent interactions. Journal of Crystal Growth ,2005,275: e53.

[19] Tsvetkov E G, Davydov A V, Ancharov A I, et al. From molten glass to crystallizable melt: The essence of structural evolution. Journal of Crystal Growth, 2006, 294: 22.

[20] Tsvetkov E G ,Davydov A V, Kozlova S G, et al. Structural units of poly component melts modeled using diffraction, spectroscopy, and computation techniques. Journal of Crystal Growth, 2007, 303: 44.

第2章 拉曼光谱的基本原理和应用

本书的主要内容之一,是采用高温激光显微拉曼光谱技术研究晶体生长过程中微观结构的演化规律,并发现熔融法晶体生长时,存在熔体 (高温溶液) 结构向晶体结构过渡的晶体生长边界层。为了便于读者更好地认识和了解这项研究成果,我们将在本章中介绍拉曼光谱的基本原理和应用。

2.1 拉曼散射的基本理论

2.1.1 拉曼散射现象和本质

1928 年,由印度科学家 Raman (拉曼) 从液体对光的散射中观察到一种散射现象:当波数为 ν_0 的单色光入射到液体中时,大部分入射光将毫无改变地从中穿过,但还会有一小部分向空间的各个方向散射,在散射光中,除了有与入射光频率相同的散射成分外,还会出现 $\nu' = \nu_0 \pm \nu_M$ 新的波数对。此后发现,不仅单色光入射到液体中会发生这种现象,单色光入射到气体中和固体上时,同样会出现 $\nu' = \nu_0 \pm \nu_M$ 新的波数对的散射。这种入射光频率发生改变的散射现象就称为拉曼散射。

在散射光谱中,波数小于入射波数 $\nu' = \nu_0 - \nu_M$ 的频移称为斯托克斯频移,波数大于入射波数 $\nu' = \nu_0 + \nu_M$ 的频移称为反斯托克斯频移。激光问世以来,以其强度高、单色性好,成为拉曼散射优质的激发光源。加之采用光电倍增管及电荷耦合器件 (charge cowpled device, CCD) 作为测量元件收集散射光,因此任何物质几乎都可以激发得到拉曼散射光谱。

现代研究证明,拉曼散射中的频率变化是物质中的分子键的振动对入射光调制的结果,它可以用散射中心和入射光之间的能量转移加以解释。对斯托克斯频移而言,当散射中心与波数为 ν_0 的入射光相互作用时,可使散射中心从低能级 E_1 跃迁到高能级 E_2,此时散射中心必然从入射光中获得 $\Delta E = E_1 - E_2$ 的能量,同时入射光也将损失 ΔE 的能量,该能量 ΔE 可用波数表示为 $\Delta E = hc\nu_M$。这里的 ν_M 对应分子的转动或振动的能量,相应的拉曼散射过程可以认为是能量为 $hc\nu_0$ 的入射光失去了能量 $hc\nu_M$,产生能量为 $hc(\nu_0 - \nu_M)$ 的散射光。对反斯托克斯频移而言,则可以认为,在拉曼散射过程中,入射光 $hc\nu_0$ 获得了 $\Delta E = hc\nu_M$ 的能量,产生能量为 $hc(\nu_0 + \nu_M)$ 的散射光。图 2.1 给出了分子能级的跃迁过程的示意图 [1]。

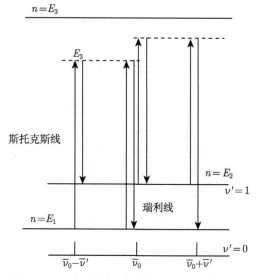

图 2.1　分子能级的跃迁过程的示意图

为了区分斯托克斯散射与反斯托克斯散射，常规定斯托克斯散射波数移动 ν_M 为正，而反斯托克斯散射波数移动 ν_M 为负。由于反斯托克斯散射所涉及的过程是由布居高能态向低能态的跃迁，而高能态的布居数会随着能量的增加而呈指数递减，因此其散射强度随着波数的增加而迅速减弱。所以在拉曼散射中，主要研究的是斯托克斯散射。

值得注意的是，拉曼散射光的偏振性质通常与入射光不同，而且散射光的强度和偏振都依赖于观测方向。

2.1.2　拉曼散射的电磁辐射理论

电磁辐射理论认为：入射光的电磁场在散射中心的作用下能够感生出电磁多极子，这样的多极子又产生电磁特征的光辐射 [2]。在大多数情况下，对电磁多极子只考虑感生电偶极矩 P 的作用。电偶极矩与入射光激发电场 E 的关系可用幂级数展开

$$P = P^{(1)} + P^{(2)} + P^{(3)} + \cdots \tag{2.1}$$

$$P^{(1)} = \alpha \cdot E \tag{2.2}$$

$$P^{(2)} = \frac{1}{2}\beta : EE \tag{2.3}$$

$$P^{(3)} = \frac{1}{6}\gamma \vdots EEE \tag{2.4}$$

其中，α 称为极化率张量，是二阶张量；β 称为超极化率张量，是三阶张量；等等。因此，入射光激发的拉曼散射可以用线性极化率 $P^{(1)}$ 来描述：

$$
\begin{aligned}
P_x &= \{\alpha_{xx}E_x + \alpha_{xy}E_y + \alpha_{xz}E_z\} \\
P_y &= \{\alpha_{yx}E_x + \alpha_{yy}E_y + \alpha_{yz}E_z\} \\
P_z &= \{\alpha_{zx}E_x + \alpha_{zy}E_y + \alpha_{zz}E_z\}
\end{aligned}
\tag{2.5}
$$

该线性方程组可以用矩阵形式来表达：

$$
\begin{bmatrix} P_x \\ P_y \\ P_z \end{bmatrix} = \begin{bmatrix} \alpha_{xx} & \alpha_{xy} & \alpha_{xz} \\ \alpha_{yx} & \alpha_{yy} & \alpha_{yz} \\ \alpha_{zx} & \alpha_{zy} & \alpha_{zz} \end{bmatrix} \begin{bmatrix} E_x \\ E_y \\ E_z \end{bmatrix}
\tag{2.6}
$$

根据实对称矩阵的特点，有 $\alpha_{xy} = \alpha_{yx}$，$\alpha_{xz} = \alpha_{zx}$ 和 $\alpha_{yz} = \alpha_{zy}$，因此张量 α 中只含有六个不同的分量且均为实数。

张量分量的值与坐标系的选取有关，感生偶极子的方向往往与入射光电场的方向不尽相同，由张量矩阵的取值而定。P 的每一个分量由 E 的三个分量决定，图 2.2 给出了形象的描述。

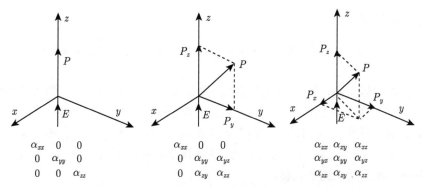

图 2.2 感生偶极子的方向与坐标系选取的关系

由此可见，极化率张量的数值分布对偶极子方向的描述是十分重要的，这取决于体系的对称性。

现在考虑一个分子系统与圆频率为 ω_0 的入射光的相互作用。首先，我们认为分子是在固定的平衡位置附近做微小振动的。由于分子振动会引起极化率的变化，可以把极化率张量的每一个分量按简正坐标 α_{ij} 展开成泰勒级数的形式加以表示：

$$
\alpha_{ij} = (\alpha_{ij})_0 + \sum_k \left(\frac{\partial \alpha_{ij}}{\partial Q_k}\right)_0 Q_k + \sum_{k,l} \left(\frac{\partial^2 \alpha_{ij}}{\partial Q_k \partial Q_l}\right)_0 Q_k Q_l + \cdots
\tag{2.7}
$$

其中，$(\alpha_{ij})_0$ 是 α_{ij} 在平衡位置时的值，Q_k、$Q_l \cdots$ 是频率为 ω_k、$\omega_l \cdots$ 的振动的简正坐标，对所有简正坐标进行求和。做谐振近似，略去高于一次幂的项，并考虑

一个简正模, 得到式 (2.7) 的特殊形式:

$$(\alpha_{ij})_k = (\alpha_{ij})_0 + (\alpha'_{ij})_k Q_k \tag{2.8}$$

$$(\alpha'_{ij})_k = \left(\frac{\partial \alpha_{ij}}{\partial Q_k}\right)_0 \tag{2.9}$$

其中, α'_{ij} 称为导出极化率张量, 它的全部分量都是极化率关于相应的简正坐标的导数。用 α_k 表示 $(\alpha_{ij})_k$, α_0 表示 $(\alpha_{ij})_0$, α' 表示 α'_{ij}, 在简谐近似下,

$$\alpha_k = \alpha_0 + \alpha' Q_{k0} \cos(\omega_k t + \delta) \tag{2.10}$$

在圆频率为 ω_0 的入射光作用下感生的线性偶极子为

$$P^{(1)} = \alpha_k E \tag{2.11}$$

其中, E 为 t 时刻的电场矢量, 电场矢量随时间变化为 $E = E_0 \cos(\omega_0 t)$, 代入式 (2.11) 得到

$$P^{(1)} = \alpha_0 \cdot E_0 \cos(\omega_0 t) + \alpha' E_0 Q_{k0} \cos(\omega_k t + \delta) \cos(\omega_0 t) \tag{2.12}$$

由三角变换得到

$$P^{(1)} = \alpha_0 \cdot E_0 \cos(\omega_0 t) + \frac{1}{2}\alpha' E_0 Q_{k0} \cos((\omega_0 - \omega_k)t - \delta) + \frac{1}{2}\alpha' E_0 Q_{k0} \cos((\omega_0 + \omega_k)t + \delta) \tag{2.13}$$

从式 (2.13) 可以看到, 第一项的圆频率仍然是入射光的圆频率 ω_0; 第二项的圆频率是 $\omega_0 - \omega_k$, 第三项的圆频率是 $\omega_0 + \omega_k$, 两者分别居于 ω_0 的两侧, 与 ω_0 的差都是 ω_k。由此可见, 圆频率为 ω_0 的入射光在与振动分子相互作用后还出现了圆频率分别为 $\omega_0 - \omega_k$ 和 $\omega_0 + \omega_k$ 的散射光, 这种现象在拉曼散射光谱中分别被称为斯托克斯频移和反斯托克斯频移。

2.1.3　晶体的拉曼散射

晶体的长程有序结构可以使我们把它视为分子、离子或分子团簇在其平衡位置振动的体系。当光线入射晶体时, 就会产生拉曼散射 [3]。下面我们将分析晶体中的拉曼散射。为了方便, 假设入射光是沿 z 向入射的偏振光, 其中, $E_x \neq 0$, $E_y = E_z = 0$, 在围绕 x 轴的小立体角 $\mathrm{d}\Omega$ 内观察到电矢量在 zx 平面内并垂直于 x 轴, 其中包含了偏振斯托克斯散射, 它与第 k 个振动相联系的散射功率正比于 $\left(P_{x_0}^{(1)}\right)^2$,

$$\left(P_{x_0}^{(1)}\right)^2 \propto (\alpha'_{zx})_k^2 E_{x_0}^2 \tag{2.14}$$

Porto 提出一种表示法来记录单晶拉曼散射的偏振数据, 例如, 式 (2.14) 所描述的情况可以表示成 $z(zx)x$, 其四个符号中, z 表示入射光的传播方向, 括号内的 x 表

示入射光的偏振方向，括号内的 z 表示散射光的偏振方向，括号外的 x 表示散射光的传播方向。从 $z(xz)x$ 的设置变化就可以得到特定传播方向和偏振特性的拉曼散射光的表达，这种在特定几何坐标系下对入射光和散射光的特定传播方向及偏振特性的设定，称为几何配置，其表示方法一直沿用 Porto 的符号表示体系。

晶体中分子、离子或分子团簇都存在不同形式的振动，不同的晶体由于晶体结构的不同及构成晶体的分子、离子或分子团簇的不同，其振动模式也会有所不同。但是，可以对这些振动模式进行分类，目前常见的振动模式包括：对称伸缩振动、非对称伸缩振动、对称弯曲振动、非对称弯曲振动、平面内振动、二面角转动、晶格总体平动等。以 $Li_2B_4O_7$ 单晶为例 [4,5]，晶体属于 C_{4v} 点群，根据晶体的结构特征，在考虑了模式的叠加和简并后，可得出 5 种主要的振动模式，其对应的 5 个拉曼张量矩阵为

$$
A_1(z)\begin{bmatrix} a & & \\ & a & \\ & & b \end{bmatrix},\quad
B_1\begin{bmatrix} c & & \\ & -c & \\ & & \end{bmatrix},\quad
B_2\begin{bmatrix} & d & \\ d & & \\ & & \end{bmatrix}
$$

$$
E(x)\begin{bmatrix} & & e \\ & & \\ e & & \end{bmatrix},\quad
E(y)\begin{bmatrix} & & \\ & & e \\ & e & \end{bmatrix}
$$

为了把所有振动模式分别激发出来，就要选择合适的激发方向和观测方位，其几何配置和对应的振动模式如表 2.1 所示 [4]。

表 2.1 传播方向与偏振特性对应的晶体振动模式

传播方向与偏振特性	晶体振动模式
$x(zz)y$	$A_1(TO)$
$x(zx)y$	$E(LO+TO)$
$x(yx)y$	B_2
$x(yy)z$	$A_1(IO)+B_1$
$x(yx)z$	B_2
$x(zy)z$	$E(TO)$
$x(zx)z$	$E(IO)$
$x(zz)x$	$A_1(TO)$
$x(zy)x$	$E(TO)$
$x(yy)\bar{x}$	$A_1(TO)+B_1$
$z(xx)\bar{z}$	$A_1(LO)+B_1$
$z(xy)z$	B_2

入射光的方向和偏振特性不同，激发出的振动模式也会有所不同，所产生的拉曼散射光的方向、偏振特性及强度也会有所不同。在一般情况下，采用直角散射、

背向散射、前向散射三种激发形式采集晶体的拉曼散射信号 [6]。

(1) 直角散射：入射光与散射光波矢方向成直角，主要研究大波矢的声子，如图 2.3 所示。

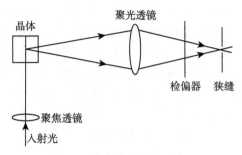

图 2.3　直角散射的实验布局

(2) 背向散射：入射光通过反射镜反射后垂直入射于晶体表面，激发的散射光波矢方向与入射光方向几乎成 180°，这是现在应用最广的几何配置，仪器集成化较高，如图 2.4 所示。

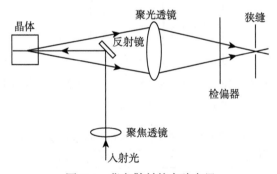

图 2.4　背向散射的实验布局

(3) 前向散射：入射光与散射光波矢方向几乎一致，主要研究小波矢的声子，如图 2.5 所示。

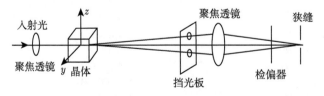

图 2.5　前向散射的实验布局

上述 $Li_2B_4O_7$ 单晶的偏振拉曼光谱研究中采用的是直角和背向散射的几何配置，得到不同模式的拉曼光谱，如图 2.6 所示 [5]。

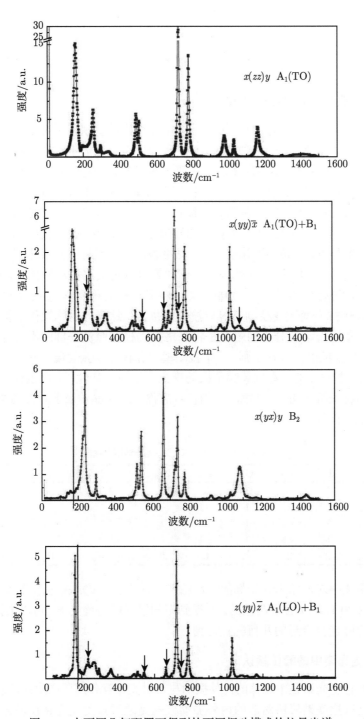

图 2.6 在不同几何配置下得到的不同振动模式的拉曼光谱

2.2　拉曼光谱解析及应用

2.2.1　晶格振动模式与拉曼光谱

　　晶体的任何宏观物理性质必然是晶体微观结构的反映,而对称性是晶体最重要的属性,晶体点阵对应 32 种点群、230 种空间群。晶体中的格点在其平衡位置做微小的振动,且格点之间相互作用,在研究晶格振动的过程中一般视其为简谐振动。在简谐近似下引入简正坐标,把晶格振动分解为独立的简正振动,每一个简正振动都有各自的振动频率,而承载这种简正振动的波称为格波,它是晶体中大量原子共同运动的结果。在 2.1.2 节中提到的导出极化率张量,便是把极化率张量在简正坐标下分解得到的。按照群论的观点,晶格振动简正坐标下的极化率张量矩阵可以作为晶体对称群的一种不可约表示,这样就可以将晶格振动模按照晶体对称群的不可约表示进行分类了。在空间群中可以找到一些对称操作,其中的转动部分可使格波波矢保持不变或变换到其等效波矢的位置,这样的对称操作所构成的群称为波矢群。晶格振动的分类问题就是将晶格振动模按照波矢群的不可约表示进行分类。根据拉曼散射的选择定则,一个振动模式和极化率张量属于同一个不可约表示时,它具有拉曼活性。在判断哪个振动模式属于拉曼活性时,可以通过查找晶体所在点群的特征标表得到,例如,$Li_2B_4O_7$(简称 LBO) 晶体属于 C_{4v} 点群,其特征标表如表 2.2 所示 [4]。

表 2.2　LBO 晶体 C_{4v} 点群特征标表

C_{4v}		E	$2C_4$	C_2	$2\sigma_v$	$2\sigma_d$	振动形式				二次函数	
A_1	Γ_1	1	1	1	1	1	T_x				x^2+y^2	x^2
A_2	Γ_2	1	1	1	-1	-1	R_g					
B_1	Γ_3	1	-1	1	1	1					x^2	y^2
B_2	Γ_4	1	-1	1	-1	1					xy	
E	Γ_5	2	0	-2	0	0	T_x	T_y	R_x	R_y	xz	yz

　　由于极化率对应笛卡儿坐标的二次函数 (x^2,y^2,z^2,xy,xz,yz),因此可以判断 A_1、B_1、B_2 和 E 模是拉曼活性的。要得到不同模式的拉曼光谱,可以根据 2.1.3 节中的拉曼矩阵选择合适的几何配置得到。

2.2.2　拉曼光谱中的峰位指认

　　晶体的拉曼光谱是由晶体的内外振动与入射光相互作用所产生的散射光谱。因此,如何指认拉曼谱峰所对应的内外振动模式是通过拉曼光谱认识晶体结构特征的关键。一般认为晶体中基团粒子作为整体的振动是晶体的外振动,而晶体内部的基团粒子内的原子间的振动一般称为内振动, 按照晶体内振动主体基团的特点, 晶体大体可以分成完全共价键晶体、完全离子键晶体、离子型共价键晶体和分子晶体等。相同类型的晶体, 其主体内振动基团相同, 其主要的拉曼光谱相似。

分子晶体由分子基元组成, 每个分子相对独立, 分子内部原子间的键合力比分子间的作用力强很多。分子晶体拉曼光谱中的谱线非常接近该物质在气态、液态或溶液状态下的拉曼谱线, 这些谱线是由该物质分子形变振动引起的分子内振动谱线, 一般在 $200 \sim 4000 \mathrm{cm}^{-1}$ 内。例如, 典型的分子晶体萘 ($C_{10}H_8$), 在晶体的拉曼光谱中观察到的内振动谱线在液态和溶液中也被观察到。表 2.3 是 $C_{10}H_8$ 晶体、液态和溶液中的主要拉曼振动峰位 [7]。

表 2.3 $C_{10}H_8$ 在晶体、液态和溶液中的主要拉曼振动峰位 (单位: cm^{-1})

$C_{10}H_8$ 晶体	液态	溶于苯
508	512	514
763	762	764
1024	1026	1028
1382	1278	1382
1463	1461	1464
1577	1573	1577

离子型共价键晶体是由共价键链接原子形成基团离子, 再与其他离子以离子键的形式构成的。硝酸盐晶体是比较典型的离子型共价键晶体, 硝酸盐晶体的拉曼峰主要是由硝酸根离子基团 NO_3^- 的内振动引起的, 因此, 在不同的硝酸盐晶体中, 其振动峰位也大致相同, 其他的离子型共价键晶体的拉曼振动峰也有相同的规律, 这也为我们指认离子型共价键晶体拉曼峰位对应的振动提供了可能。表 2.4 列出了 5 种硝酸盐晶体的主要拉曼振动峰位, 可以看出, 它们的拉曼振动峰位非常相近 [7]。

表 2.4 5 种硝酸盐晶体的主要拉曼振动峰位 (单位: cm^{-1})

$LiNO_3$	KNO_3	$AgNO_3$	$Sr(NO_3)_2$	$Pb(NO_3)_2$
728	711	—	730	728
1052	1051	1045	1053	1047
1391	1357	1372	1354	1382

硼酸盐晶体也有类似情况, 在硼酸盐晶体中, 通常存在 [BO_4] 四面体和 [BO_3] 平面三角形结构, 这些结构比较稳定。由于 B—O 键的键能较大, 在晶格中即使有变形, 在不同晶体中也总是以整体的形式出现, 可以把 [BO_4] 四面体和 [BO_3] 平面三角形作为基团处理。[BO_4] 四面体中的内振动具有 T_d 点群对称性, 其 B—O 键振动存在四个简正振动模, 对应频率分别为 $\nu_1(A_1)$ $400 \sim 600 \mathrm{cm}^{-1}$(对称伸

缩振动)，ν_2(E)400~600cm^{-1}(弯曲振动)，ν_3(F$_2$)1000 cm^{-1}(伸缩振动)，ν_4(F$_2$)600 cm^{-1}(反对称伸缩振动)。而 [BO$_3$] 平面三角形具有 D_{3h} 点群对称性，其 B—O 键振动的四个简正振动模对应的频率为 ν_1(A$_1'$)950 cm^{-1}(对称伸缩振动)，ν_2(A$_2''$)650~800cm^{-1}(面外弯曲振动)，ν_3(E$'$)1100~1300 cm^{-1}(反对称伸缩振动)，ν_4(E$'$)500~600cm^{-1}(面内弯曲振动)。因此可以根据以上频率区间来指认硼酸盐晶体 B—O 键的振动模式。

共价键型的晶体同样存在相对稳定的粒子基团，它们的拉曼光谱中都含有这些粒子基团内振动所形成的拉曼散射，因此，这些粒子在不同晶体中所产生的拉曼散射也会有大致相同的峰位，同样有助于晶体拉曼峰的指认。

晶体除了有体现内振动的拉曼谱线外，还有一些谱线分布在 10~200 cm^{-1} 范围内，是由晶体中粒子之间的平移振动引起的，属于晶体的外振动。晶体的外部条件 (压力、温度等) 发生变化时，其振动模式也会发生变化，因此在指认拉曼峰位时要考虑外部条件的影响。

2.2.3 拉曼光谱的应用

通过晶体拉曼光谱的研究，可以认识晶体的内外振动，以及与之相关联的微观结构和组成，所以拉曼光谱是一种研究晶体和物质微观结构的有效手段。

拉曼峰与晶体基团振动有确定的对应关系，如何解析拉曼光谱是我们通过拉曼光谱认识物质微观结构的关键，解谱方法主要有以下几种。

(1) 传统方法：以已知基团的特征拉曼峰作为参照，若研究物质中含有该已知基团，其拉曼光谱中与该基团的拉曼峰的峰位接近的拉曼峰，则可认为其是所研究物质中相应基团的拉曼峰，这种方法对于有相同特征基团的物质是非常有效的。

(2) 排序方法：对一些复杂基团的拉曼峰指认，往往是在特征拉曼峰大致位置得以确定的基础上，排列各种可能振动模式对应的拉曼峰波数的大小，推测出各个拉曼峰的归属，这种方法虽然能够基本确定拉曼峰的归属，但难以完备地获得振动模式与拉曼峰的对应关系。

(3) 群分析解谱法：更完备的解析方法是以群论为工具，对拉曼光谱进行晶格内全部振动模式的全谱解析。但是，这是一个非常复杂的数学过程，要求研究者具有相当的数学基础和运算技巧。然而，对一般的拉曼光谱的应用者而言，其目的只是通过拉曼光谱的归属确定被研究物质的结构和组成形式，因此采用这种方法解谱是很困难的。

(4) 软件计算辅助解谱法：随着计算技术的发展，根据材料的结构、成分、状态，以及相应的计算方法，软件科学工作者已经设计出计算拉曼光谱的软件，如高斯、材料工作室 (Material Studio) 等，可以获得完备的振动模式与峰位的对应关系。目前应用这些软件的计算结果，在峰位方面与光谱实验结果的吻合比较理想，但在拉曼峰的相对强度方面往往与光谱实验结果之间还存在一定的差异，但这并不影响对研究物质的结构、成分、状态的分析，因此，软件计算辅助解谱法已经成为一种通用的方法，可用来辅助检验实验拉曼光谱的结果。

由于拉曼光谱既体现出了晶体内外振动的模式，又与晶体的微观结构有着内在的联系，因此，拉曼光谱在晶格振动和物质微观结构变化的研究中得到了广泛的应用。

1. 应用于晶体相变的研究

晶体在外部环境发生变化时，其内部结构也发生变化的现象称为结构性相变，相变过程也可以通过拉曼光谱进行研究。例如，da Silva 等 [8] 利用变温拉曼光谱技术研究了 $Cs_4W_{11}O_{35}$ 晶体在升温过程中的相变，晶体在 110K 和 165K 的温度点发生了两次结构性相变，其表现为拉曼峰峰位的突变，如图 2.7 所示。他们还采用拉曼光谱对 $Cs_4W_{11}O_{35}$ 晶体的压致相变过程进行了研究 [9]，结果表明，晶体在 4GPa 和 7.5GPa 的压力下发生了两次结构性相变，如图 2.8 所示。此外，Zhai等 [10] 利用高压拉曼光谱方法对 $Ba_3(PO_4)_2$ 和 $Sr_3(PO_4)_2$ 晶体进行了研究，晶体在 14.4GPa 以下无相变发生，表明晶体具有很强的稳定性。Saraiva 等 [11] 研究了 Na_2MoO_4 晶体在 15~803K 温度范围内变化的变温拉曼光谱，发现晶体在 733K 以上存在正交相，这种相变与 MoO_4 在晶格中的位置略显无序有关，而且 Mo—O 键在高温相中随着温度增加而变短。因此，利用变温、变压拉曼光谱研究晶体结构性相变是一种重要方法。

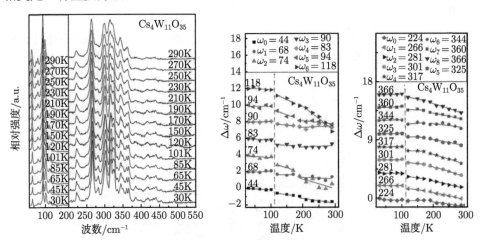

图 2.7　$Cs_4W_{11}O_{35}$ 晶体在 30~295K 温度范围内拉曼光谱和不同振动模式随着温度的频移

(后附彩图)

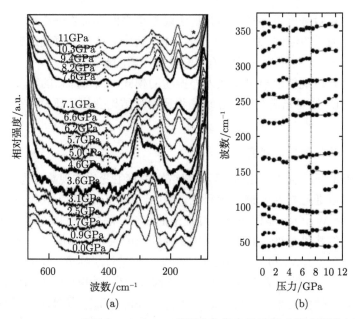

(a)   (b)

图 2.8 $Cs_4W_{11}O_{35}$ 晶体在 0~11GPa 范围内拉曼光谱和振动模式随压力的频移

一些离子基团的拉曼特征峰对研究玻璃和熔体结构提供了有利的证据，可以据此来推断玻璃及熔体结构以及因组分所引起的变化。Hübert 等 [12] 研究了不同组分下 $Li_2O\text{-}B_2O_3\text{-}V_2O_5$ 和 $ZnO\text{-}B_2O_3\text{-}V_2O_5$ 玻璃的拉曼光谱，分别如图 2.9 和图 2.10 所示。

从图 2.9 可以看出，在未加入 V_2O_5 时，拉曼光谱中的 $780cm^{-1}$ 拉曼峰表征包含一个或两个 $[BO_4]$ 四面体结构的硼氧六圆环结构，$950\ cm^{-1}$ 拉曼峰表征 $[BO_3]$ 三

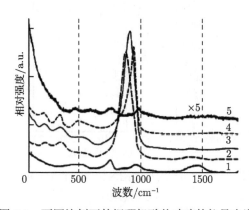

图 2.9   不同比例下的锂硼钒酸盐玻璃的拉曼光谱

$Li_2O:B_2O_3:V_2O_5$ 为: 1. 50:50:0; 2. 50:40:10; 3. 50:30:20; 4. 50:20:30; 5. 30:20:50

角形结构。当 [V₂O₅] 的成分超过 30% 时，拉曼光谱中出现 890～950cm⁻¹ 的宽峰，弱峰出现在 230cm⁻¹ 和 350cm⁻¹ 处，表明玻璃中存在由 V—O—V 键连接的 [VO₄] 四面体或 [VO₅] 金字塔的框架结构。在图 2.10 中也可以看出同样的变化趋势，随着 [V₂O₅] 的增加，表示 [VO₄] 四面体或 [VO₅] 金字塔结构的 910～970cm⁻¹ 的拉曼峰移到了 1004cm⁻¹，且出现了 470cm⁻¹ 和 640cm⁻¹ 振动峰，表明存在把两个钒氧基团连接的 V—O—V 键。从拉曼光谱的变化可以推测玻璃中的结构变化。

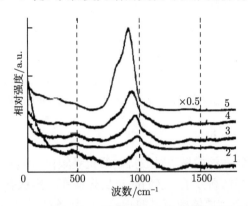

图 2.10　不同比例下的锌硼钒酸盐玻璃的拉曼光谱

ZnO:B₂O₃:V₂O₅ 为:1. 30:20:50；2. 50:40:10；3. 40:20:40；4. 50:20:30；5. 70:20:10

在锂和锌的硼钒酸盐玻璃中，四面体结构的 [VO₄] 或者彼此连接或者连入 BO₄: BO₃ 形成的网络框架，随着 [V₂O₅] 成分的增加，[VO₄] 四面体发生形变，以多钒酸盐 VØ₂O₂ 相互连接或连入多硼酸盐中。图 2.11 给出 [VO₄] 在各种硼氧框架结构中的骨架图。

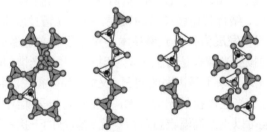

(a) 网络　　(b) 多硼酸盐和　　(c) 焦硼酸盐和　　(d) 正硼酸盐和
　　　　　　多钒酸盐结构　　　　焦钒酸盐结构　　　　正钒酸盐结构

图 2.11　[VO₄]连入不同的硼结构中的情况

此外，Hou 等 [13] 利用高温拉曼光谱技术对 CsB₃O₅ 晶体的高温熔体的拉曼光谱进行研究，解释了 CsB₃O₅ 晶体在熔化过程中，晶体的三维结构随着 [BO₄] 四面体中的 B—O 键的断裂而逐渐崩塌，在熔体中形成由 (B₃O₆)₃ 基团组成的螺旋链，其中的拉曼光谱和相应的结构变化显示在图 2.12 中。

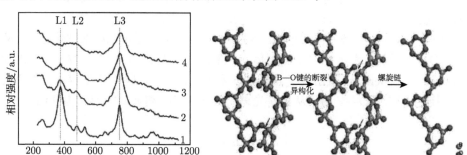

图 2.12　CsB_3O_5 晶体在熔化过程中的高温激光显微拉曼光谱和结构变化

1、2、3、4 为拉曼光谱的不同测量点，L1、L2、L3 为拉曼光谱振动峰的峰位

2. 应用于物质的指纹识别

由于特定的微观物质结构振动对应特定的拉曼频移，所以无论是晶体，还是非晶态的熔体、玻璃、有机高分子，它们的拉曼光谱在一定状态下都是稳定不变的，因此可以作为呈现微观物质结构信息的指纹。若将各种材料的拉曼光谱信息加以归纳整合，建立拉曼光谱信息指纹数据库，则可以根据拉曼光谱识别物质及其结构组成，使物质识别增加了一种手段，同时也可以为物质的拉曼光谱解谱提供参考。

3. 拉曼光谱应用技术的发展

拉曼光谱是入射光受物质内部的振动调制所产生的散射光的关谱，散射光频率和入射光频率之间有斯托克斯频移和反斯托克斯频移的关系，即散射光圆频率 $\omega = \omega_0 \pm \omega_k$。根据拉曼光谱的产生机制和规律，拉曼光谱技术在现代物质科学研究中得到了广泛的应用，结合其他新技术的发展，拉曼光谱技术也在不断地发展。例如，激光技术的出现和发展为拉曼光谱技术提供了多种单色激光作为入射光的激发光源，使得获得的拉曼光谱只是对应于该入射单色光的光谱，解决了多波长光源激发所产生的拉曼光谱复杂不易识别的问题。又如，为获得高温物质微小区域的结构组成，出现了高温激光显微拉曼光谱技术，它不仅可以采集到高温物质微小区域内的拉曼光谱，而且可以克服高温辐射对拉曼光谱解谱的干扰和影响，使拉曼光谱技术可以在高温物质的微区结构及结构演化方面得到应用。

研究晶体生长时微观结构的变化是研究晶体生长微观机理的关键。在过去相当长的时间内，由于缺乏对晶体生长过程中微观结构变化进行原位实时观测的结果，因此所建立的晶体生长理论很难真正反映晶体生长时微观结构的演化。高温激光显微拉曼光谱技术为我们提供了一种可以原位实时观测晶体生长过程中微观结构演变的手段。本书的第 3 章将介绍我们如何将该技术应用于晶体生长微观机理的研究中。

参 考 文 献

[1] 程光煦. 拉曼–布里渊散射. 2 版. 北京: 科学出版社, 2007:72-76.

[2] 程光煦. 拉曼–布里渊散射. 2 版. 北京: 科学出版社, 2007:83-87.

[3] 程光煦. 拉曼–布里渊散射. 2 版. 北京: 科学出版社, 2007:72-76.

[4] Elbelrhiti E A, Maillard A, Fontana M D. Raman scattering and non-linear optical properties in $Li_2B_4O_7$. Journal of Physics: Condensed Matter, 2005, 17:7441-7454.

[5] Paul G L, Taylor W. Raman spectrum of $Li_2B_4O_7$. Journal of Physics C: Solid State Physics, 1982, 15: 1753-1764.

[6] 程光煦. 拉曼–布里渊散射. 2 版. 北京: 科学出版社, 2007:5-23.

[7] 程光煦. 拉曼–布里渊散射. 2 版. 北京: 科学出版社, 2007:169-239.

[8] da Silva K P, Coelho J S, Maczka M, et al. Temperature-dependent Raman scattering study on $Cs_4W_{11}O_{35}$ and $Rb_4W_{11}O_{35}$ systems. Journal of Solid State Chemistry, 2013, 199: 7-14.

[9] da Silva K P, Paraguassu W, Maczka M, et al. Vibrational properties of $Cs_4W_{11}O_{35}$ and $Rb_4W_{11}O_{35}$ systems: High pressure and polarized Raman spectra. Journal of Raman Spectroscopy, 2011, 42(3): 474-481.

[10] Zhai S M, Liu A, Xuea W H, et al. High-pressure Raman spectroscopic studies on orthophosphates $Ba_3(PO_4)_2$ and $Sr_3(PO_4)_2$. Solid State Communications, 2011, 51: 276-279.

[11] Saraiva G D, Paraguassu W, Freire P T C, et al. Temperature-dependent Raman-scattering studies of Na_2MoO_4. Journal of Raman Spectroscopy, 2008, 39(7): 937-941.

[12] Hübert T, Mosel G, Witke K. Structural elements in borovanadate glasses. Glass Physics and Chemistry, 2001, 27(2): 114-120.

[13] Hou M, You J L, Patrick S, et al. High temperature Raman spectroscopic study of the micro-structure of a caesium triborate crystal and its liquid. CrystEngComm, 2011, 13: 3030-3034.

第3章　熔融法晶体生长微观机理的拉曼光谱研究

晶体生长的微观机理的理论模型,在近百年来的发展过程中,虽然有多种创建,但无论是从研究晶体生长界面结构出发的多种界面生长理论,还是从研究晶体周期性结构出发的 PBC 理论和 Bravais 法则,或者是以计算机模拟计算为主的晶体生长理论,最终都需要晶体生长的实验来验证。原位、实时观测晶体生长过程中微观结构的演化,是揭示晶体生长微观机理的直接的实验手段,高温显微拉曼光谱技术的出现,为实现这一目标提供了有效手段。

应用拉曼光谱技术 [1-3],于锡玲等发现 KDP 晶体在低温水溶液中生长时,在生长界面附近存在特殊相结构层,使晶体生长机理的研究进入了原位实时观测晶体生长过程中微观结构演化的阶段。但是于锡玲等的研究主要是在温度不高的水溶液生长的晶体中进行的,高温熔融法晶体生长这种最重要最常用的晶体生长方法的微观生长机理的研究,直到国内有了高温激光显微拉曼光谱技术才得以开展。

中国科学院安徽光学精密机械研究所 (简称中科院安徽光机所) 在国内外率先应用高温激光显微拉曼光谱技术,对功能晶体熔融法生长过程中微观结构的演变,进行了原位实时的观测研究。针对高温显微拉曼光谱技术进行微区观测的需要,中科院安徽光机所研制了适应高温激光显微拉曼光谱原位实时微区观测的微型晶体生长炉,对数十种熔融法晶体生长的过程进行了原位、实时观测,发现在晶体和熔体 (高温溶液) 之间存在着微观结构从熔体 (高温溶液) 向晶体演化的过渡层,我们称为晶体生长边界层,在边界层内生长基元的结构不同于熔体,也有别于晶体,但已具有了单胞结构的特征,这一发现成为构建新型的晶体生长边界层理论模型的重要组成部分。为了使读者认识晶体生长边界层存在的普遍性,本章将介绍多种不同类型的晶体生长的边界层高温激光显微拉曼光谱技术的研究成果,同时为了使读者了解高温激光显微拉曼光谱技术的装备、工作原理和实验测量方法,以及微型晶体生长炉,也将对它们作逐一介绍。

3.1　高温共聚焦拉曼光谱仪

本书实验中应用的拉曼光谱仪主要是上海大学钢铁冶金新技术重点实验室的累积时间和空间耦合型高温拉曼光谱仪 (SU-HTRS(T/S))。该光谱仪是以 Jobin Y'von 公司新一代的小型高分辨率共焦显微拉曼光谱仪 LabRAM HR800 为基础,结合 "脉冲激光累积时间分辨技术"、"空间分辨技术" 以及高灵敏度的增强型电荷耦合探测器件研制而成的高温共聚焦显微拉曼光谱仪。该仪器具备高温探测、微区分析、原位无损、高效等优点，基本满足熔融法晶体生长微观机理研究的需要。下面是该设备的主要结构与工作原理。

3.1.1 共焦显微拉曼光谱技术

共焦显微拉曼光谱技术是将共焦显微镜与拉曼光谱仪相耦合，实现高空间分辨以及高光谱信噪比的技术[4-6]。它是 20 世纪 90 年代开发出的一种新型显微拉曼光谱技术。图 3.1 是共焦显微拉曼光谱仪原理示意图，其中重要的组成部分为高分辨的共焦显微镜。由激光器发射的单色光经透镜系统聚焦到光阑 D_1 的小孔上，滤除杂散光，整形后的激光束通过一块半反半透镜 M 后，由物镜聚焦于样品上，激发出拉曼散射光，焦点处的拉曼散射光由于半反半透镜 M 的存在，其反射光部分折向另一个光阑 D_2，因光阑 D_2 就位于反射光焦点处，它与光阑 D_1 呈空间共轭关系，所以只有样品焦点上产生的拉曼散射光和本底辐射可以进入 D_2 到达拉曼光谱仪的单色仪的狭缝，而焦点以外发出的本底辐射以及散射光都被光阑 D_2 过滤掉，有效地提高了样品拉曼散射光的比例，从而提高了光谱分辨率。

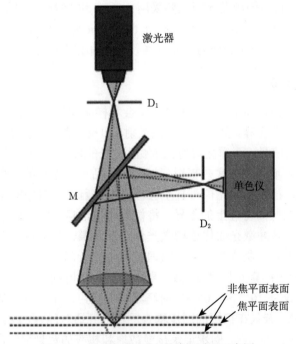

图 3.1 共焦显微拉曼光谱仪原理示意图

实验使用的共焦显微拉曼光谱仪 LabRAM HR800，配备了 Olympus BX4 型共焦显微镜，使用的长焦距高温物镜焦斑直径小于 1μm，XYZ 三维精密移动平台

在 XY 平面的移动精度为 $1\mu m$，Z 方向的移动精度为 $2\mu m$，单色仪光谱分辨率小于等于 $1cm^{-1}$，可探测波数小于等于 $30cm^{-1}$ 等。

3.1.2　激发光源

我们知道，任何物体都具有不断辐射、吸收电磁波的本领，且辐射的电磁波频率符合一定的分布规律，并与辐射体的温度有直接的关系，物体这种向外辐射电磁波的现象称为黑体辐射，又称为热辐射[7]。当用拉曼光谱测量样品时，被测量样品的黑体辐射会进入测量系统；当样品受激后产生拉曼散射光，其拉曼位移为 $\nu' = \nu_0 - \nu_M$，ν_0 为激发光的波数，ν_M 为物质分子振动的波数。在室温环境下黑体辐射对于拉曼光谱的影响是可以忽略的，而随着测量样品自身温度的提高，黑体辐射的强度会大大增强，高温时辐射波长甚至会达到可见光区域，可以与 ν' 相比拟。因此黑体辐射是高温拉曼光谱测量的一个主要干扰。另外，拉曼散射的波数 ν_M 还与样品自身性质相关，样品中不同的结构基元对激发光的敏感程度不同，这就需要激发光能使样品中不同结构基元的拉曼散射强度没有太大的差别，才能更好地获得体现不同基元的拉曼光谱，所以采用什么波长的激光作为激发光源，要根据样品的特性进行选择。目前的激发光源主要采用 355nm 和 532nm 的脉冲激光。本书大部分实验中拉曼光谱仪配置的是 Coherent Compass 公司的 AVIA 系列 355nm 和 532nm 脉冲调 Q 固态激光器作为激发光源，最大输出功率为 10W。

3.1.3　累积时间分辨技术

当激光束照射到样品上后，入射光线将会和样品发生相互作用，如弹性散射、非弹性散射、荧光效应等。其中，非弹性散射 (如拉曼散射) 包含材料微结构的信息，是我们需要的信号。而弹性散射光 (如激发光的散射)、材料受激发射的荧光，以及样品在高温环境下的本底热辐射，都会对样品拉曼光谱的测量造成干扰，使光谱信噪比降低，拉曼散射光信号甚至会被淹没。累积时间分辨技术是利用拉曼散射光与干扰光在时间特性上的差异，将拉曼光谱信息与大部分干扰信号分离开来。其关键是采用脉冲激光取代连续激光作为激发源，并用同步耦合回路实施和脉冲同步的计数方式采集光谱信号，原理如图 3.2 所示。因为拉曼散射检测的时间常数 τ_{RS} 在 10^{-12}s 量级上，脉冲激光器的脉冲持续时间 τ_p 为 10^{-9}s，荧光和其他噪声的时间常数为 $10^{-8} \sim 10^{-3}$s，而高温辐射噪声几乎是持续的，即时间常数趋于无限大。因此，若只在极短的同步耦合回路的开通时间内，或计数器工作时间 $(\tau_c = \tau_p + 4\tau_{RS} \approx 10 \text{ ns})$ 内，同步记录拉曼散射和相应的背景辐射，荧光信号以及背景散射信号就会被屏蔽掉。而在两个相邻脉冲的间隙期 $(\sim 10^5 \text{ns})$ 中，并不记录背景辐射。如此多次脉冲积分而得到的高温拉曼光谱，信噪比提高了约 T/τ_c 倍，T 为脉冲周期。另外，拉曼信号因高的脉冲功率而增大，同时背景辐射因脉冲间隙不计数而大幅度下降，这也是该方法能提高信噪比的另一个重要原因。"时间分辨技术"可以获得信噪比优良的拉曼光谱，它也是目前可以确信在更高温度范围 (即高于 2000K 的高温段) 稳定获得拉曼光谱的方法。

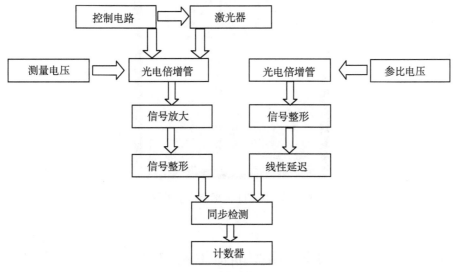

图 3.2 同步检测系统流程图

3.1.4 增强型电荷耦合探测器件

传统的拉曼光谱仪多采用光电倍增管 (PMT) 作为探测器件，以光子计算的方法测量光谱，该方法具有测量效率低、非线性偏差难以充分克服以及 PMT 使用不方便等缺点。目前商业的拉曼光谱仪多采用 CCD 作为测量元件，可有效地消除非线性偏差现象，实现整个宽光谱波段摄谱。因此使用 CCD 作为测光元件能够有效地提高光谱精度和测量速度。

增强型电荷耦合器件 (ICCD) 不同于普通的 CCD，它是由 CCD 探测器和一个前置的微通道板 (micro channel plate，MCP) 组合而成的，彼此用光纤连接起来。ICCD 具有协同脉冲激光信号开关，控制 CCD 测试设置时间内的光信号。另外 ICCD 中的 MCP 对电子具有较高的线性放大增益 ($>10^4$)，其与低噪声的 CCD 结合起来实现对微弱信号的测量，提高灵敏度。图 3.3 为 ICCD 内部结构示意图。本书中的高温共焦显微拉曼光谱仪使用的是 Andor 公司的 iStar DH720i-25F-03 型 ICCD。该 ICCD 的光阴极直径为 25mm；1024×256 的像素阵列，像素尺寸为 26μm；门控能力最快为 7ns；光谱响应范围包含紫外—可见—红外波段 (180~850nm)。

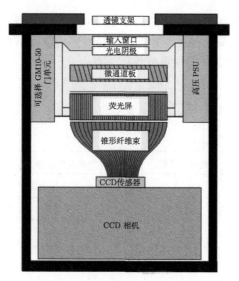

图 3.3   ICCD 内部结构示意图

3.2   微型晶体生长炉 [8]

实际熔融法晶体生长设备多为大尺寸的装置,高温激光显微拉曼光谱仪很难和这样的装置对接观测。同时该仪器的信息采集光垂直于水平面。经分析,采用晶体水平生长方法,可以把晶体和熔体平面水平地呈现在测量光的采集点上。据此设计出了特殊的微型晶体生长炉,使用该炉进行晶体生长实验时,可以满足高温显微拉曼光谱仪对生长装置微型化和激发光能从竖直方向上达到样品,并实现拉曼散射光采集的要求。

根据实验的需要,设计的应用高温显微拉曼光谱技术研究晶体生长过程中微观结构演化的微型晶体生长炉主要由以下几个部分组成。

本书所用的微型晶体生长炉尺寸为 $\phi6mm \times 50mm$,该装置结构示意图如图 3.4 所示。主要包括:不锈钢炉体、观测窗口、加热装置、测温热电偶、Pt 坩埚、水冷却系统等几部分。采用 Pt 丝制备加热元件,双铂铑热电偶作为测温元件。另外微型晶体生长炉还设有保护气体进出通道,若晶体生长实验需要在惰性气体的环境中进行,非氧化物晶体生长,还可以给予保护。

(1) 冷却水循环系统:炉体具有双层结构,上下两部分都各有一个出水口和一个进水口 (见图 3.4 的 2),外接循环水对炉体进行冷却。试验结果显示,炉内温度达到 1200℃并连续工作数小时,仍可以使微型晶体生长炉外壳温度保持在室温。

(2) 惰性气体保护系统:炉子还具有对生长装置和晶体进行保护的功能,炉体上设置了惰性气体的出入通道 (见图 3.4 的 3)，通过外接惰性气体钢瓶引入惰性气体，使一些不能在氧气氛条件下生长的晶体得到保护，保证测量结果的准确性。

(3) 加热系统：为了使晶体和熔体的上表面能够呈现在水平面上，根据水平区熔法晶体生长的原理，实验设计了梯形加热装置 (见图 3.4 的 4)，底座是一块截面为梯形的长方台，长 20mm，上宽 11mm，下宽 16mm，两侧各有一个楔形翼。底座和两翼，从一端向另一端刻有宽度为 0.5mm，深度为 2mm 的槽，槽距从 1mm 逐渐增加到 3mm，使加热温度逐渐有所降低。该加热装置还可以在三维空间形成特殊的温度场。z 轴方向的温度随位置的升高而降低。实验晶体置于铂金制成的 5 mm(宽)×10 mm(长)×2mm(深) 的舟内，铂金舟置于梯形加热器内，通过缓慢升降温和精确的控温，使舟内实验晶体的一端熔化，并将视觉上的固/液分界线稳定在铂金舟的中间部分，同时还需要使被测晶体 (熔体) 上部冷，下部热，生长界面是一个向下倾斜的界面，从而保证边界层内的信息采集光斑不会打到晶体上，得到错误信息。图 3.5 为快速冷却后晶体和凝固熔体的上表面的形状。

(4) 温控系统：温控仪置于炉体外，通过热电偶实现对微型晶体生长炉的温度控制 (见图 3.4 的 1)，目前最高温度可升到 1200℃，恒温时误差为 ±1℃。控温仪采用厦门宇光 AI-808P 型多功能自动控制仪，通过设定程序可以实现升温和降温的自动控制。通过控制温度可使晶体生长边界层左右移动，实现晶体的生长和熔化；同样也可以使生长界面长时间稳定，以便于应用激光共焦显微拉曼光谱仪实时测量晶体生长边界层的高温拉曼散射光谱。

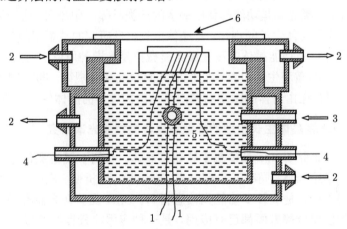

图 3.4 微型晶体生长炉

1. 温控系统；2. 冷却水循环系统；3. 惰性气体保护系统；4. 加热系统；5. 保温系统；6. 测量观察窗口

使用该微型晶体生长炉，已经成功地实现了数十种熔体 (溶液) 法晶体生长边界层的高温激光显微光谱的原位实时观测工作，这种测量熔融法晶体生长边界层

图 3.5   快速冷却后晶体和凝固熔体的上表面的形状

微观结构的方法和实验装置已获得国家发明专利授权。

3.3   同成分晶体生长机理的高温激光显微拉曼光谱研究

根据晶体的分类,把晶体的组分和生长其熔体的组分完全一致的晶体称为同成分熔融晶体。这类晶体是功能晶体中最多的一类晶体,因此研究这一类晶体生长的微观机制,获得晶体生长的规律,是晶体生长机理研究的重要组成部分。本书介绍了一些同成分熔融功能晶体的高温激光显微拉曼光谱的原位实时观测研究成果,发现了这些晶体的微观生长机制和它们的共同微观演变规律,即在同成分熔融的晶体生长时,都存在由熔体的微观结构向晶体结构过渡的晶体生长边界层。

3.3.1   Bi$_{12}$SiO$_{20}$ 晶体生长机理的高温激光显微拉曼光谱研究 [9]

Bi$_{12}$SiO$_{20}$ (简称 BSO) 晶体属于软铋矿晶体,它们不仅是宽带隙、高电阻率的非铁电立方半绝缘体,同时又具有电光、光电导、光折变、压电、声光、旋光及法拉第效应等性能,是一种多功能光信息材料。BSO 晶体在全息存储、干涉计量斑纹照相、相位耦合等方面都已有应用,是一种应用前景良好的多用途功能晶体材料 [10]。

BSO 晶体属于立方晶系,体心结构,空间群为 $I23$,熔点为 890℃。BSO 晶体中的主要结构单元为 [SiO$_4$] 四面体和畸变的 [BiO$_6$] 八面体,1 个 [SiO$_4$] 四面体被 12 个 [BiO$_6$] 八面体包围,两种结构单元的摩尔比为 1:12。[SiO$_4$] 四面体中的 Si—O 键为共价键,[BiO$_6$] 八面体中的 Bi—O 键为离子键,且 [SiO$_4$] 四面体和 [BiO$_6$] 八面体通过桥氧键相连接，由此可见 $[SiO_4]$ 四面体为晶体单胞的核心结构单元，$[BiO_6]$ 八面体的畸变是受 $[SiO_4]$ 四面体影响的结果。

BSO 晶体是同成分熔融的功能晶体，采用高温激光显微拉曼光谱技术原位实时观测了 BSO 晶体生长过程中微观结构的演化。在实验中拉曼光谱的采集点分别为 a, b, c, d 和 e，如图 3.6 所示的高温拉曼光谱，其中 a 点的拉曼光谱为高温晶体的拉曼光谱，其拉曼特征峰峰位为 $544cm^{-1}$，和晶体室温的拉曼特征峰的峰位 542 cm^{-1} 相似，仅有一些小的位移。e 点的拉曼光谱显示，该点的拉曼峰有 $[SiO_4]$ 四面体的特征峰和 Bi_3O_4 的特征峰，未发现 BSO 晶体单胞结构中的 $[BiO_6]$ 八面体特征峰的存在，因此该 e 点应处于 BSO 晶体的熔体中。从 d 点到 b 点的拉曼光谱中，$[SiO_4]$ 四面体的特征峰始终存在，Bi_3O_4 的特征峰消失，而出现了 $[BiO_6]$ 八面体的特征峰，表明 Bi_3O_4 已通过形成 Bi—O 键构成 $[BiO_6]$ 八面体。但这些测量点的 $[SiO_4]$ 四面体的某些拉曼特征峰在由 e 点到 b 点时有逐渐减弱的现象，分析认为这是由晶体结构中每一个 $[SiO_4]$ 四面体周围的 12 个铋离子形成屏蔽作用导致的。从以上对不同测量点的拉曼光谱的演变过程中可以发现，在 BSO 晶体生长时，在 d 点熔体中的 Bi_3O_4 结构转化成 $[BiO_6]$ 八面体结构，并和 $[SiO_4]$ 四面体相互链接，开始构成了具有 BSO 晶体单胞结构特征的生长基元。从 d 点到 b 点的拉曼光谱显示，$[BiO_6]$ 八面体的拉曼特征峰逐渐增强，表明在这一区域形成的具有单胞结构特征的生长基元数量在增加或者长大。因此在 d 点到 b 点之间的区域是 BSO 晶体的熔体结构向晶体结构转化的过渡区域，即生长边界层，该结果证实 BSO 晶体生长时存在晶体生长边界层。

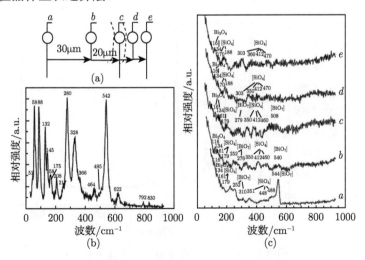

图 3.6 熔体与晶体间拉曼光谱测量点示意图 (a)；BSO 晶体室温拉曼光谱 (b)；晶体生长边界层高温显微拉曼光谱 (c)

3.3.2　Bi$_4$Ge$_3$O$_{12}$ 晶体生长机理的高温激光显微拉曼光谱研究 [11-14]

Bi$_4$Ge$_3$O$_{12}$(简称 BGO) 晶体是一种性能良好的闪烁晶体,在高能物理、空间科学、核医学等方面有着广泛的应用 [15]。BGO 晶体属立方晶系,空间群为 $I\bar{4}3d$,单位晶胞中有 4 个分子,晶胞常数为 1.052 nm,晶胞由 [GeO$_4$] 四面体和 Bi^{3+} 组成,Bi^{3+} 处于六个 [GeO$_4$] 四面体的空隙中,每个 [GeO$_4$] 四面体贡献一个 O 组成 Bi^{3+} 六配位氧的畸变八面体。由群论分析得 BGO 的光学声子表达式为 4A$_1$+5A$_2$ + 9E + 15F$_1$ + 14F$_2$,其中属拉曼活性的有 4A$_1$ + 9E + 14F$_2$[16]。

1. BGO 晶体的室温拉曼光谱

图 3.7 为 BGO 晶体在室温下的拉曼光谱,根据晶体结构对称性与晶体拉曼光谱的关系,并参考文献报道对其进行了解析 (表 3.1),可以看出 BGO 晶体中主要存在 [GeO$_4$] 四面体和 [BiO$_6$] 畸变八面体结构。我们测量的拉曼光谱获得了 BGO 晶体主要结构的特征活性振动模式,例如,属于 [GeO$_4$] 四面体的位于 139cm^{-1}、163cm^{-1} 的平动,位于 239cm^{-1} 的摆动,位于 197cm^{-1} 的 Ge—O 键的摇摆振动,位于 396cm^{-1}、440cm^{-1} 的 O—Ge—O 键的弯曲振动和位于 717cm^{-1}、817cm^{-1} 的 Ge—O 键的伸缩振动;属于 [BiO$_6$] 畸变八面体的位于 262cm^{-1} 的 Bi—O—Bi 和 O—Bi—O 键的弯曲振动,位于 357cm^{-1} 的 Bi—O 键的伸缩振动;位于 119cm^{-1} 的桥氧键 Bi—O—Ge 键的弯曲振动;还有位于低波数 86cm^{-1} 的属于 Bi、O 和 Ge 原子的振动。所有这些特征活性振动峰,都将作为其所对应的结构特征出现的判据,为下面分析 BGO 晶体、熔体以及生长固/液边界层的高温拉曼光谱提供参考依据。

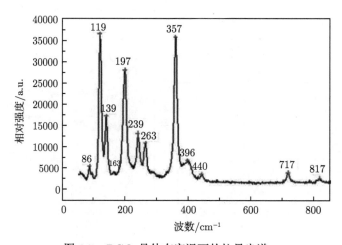

图 3.7　BGO 晶体在室温下的拉曼光谱

表 3.1 BGO 晶体在室温下的拉曼光谱的归属指认

拉曼频移 /cm^{-1} (文献值[17])	拉曼频移 /cm^{-1} (实验值)	拉曼频移 /cm^{-1} (计算值[17])	对称类型	简正振动模 的近似描述
64	86	86	FTO	Bi、O 和 Ge 原子的振动
123	119	115	E	Bi—O—Ge 键的弯曲振动
150	139	155	FTO	[GeO$_4$] 四面体的平动
167	163	168	FLO	
201	197	208	A	Ge—O 键的摇摆振动
240	239	224	FLO	[GeO$_4$] 四面体的摆动
244	262	262	E	Bi—O—Bi 和 O—Bi—O 键的弯曲振动
362	357	315	A	Bi—O 键的伸缩振动
395	396	351	FTO	O—Ge—O 键的弯曲振动
445	440	449	FTO	
720	717	717	E	Ge—O 键的伸缩振动

2. BGO 晶体的变温拉曼光谱

测量 BGO 晶体的高温拉曼光谱时,高温拉曼光谱仪和微型晶体生长炉都采用冷却水循环系统对系统进行冷却,以降低噪声,保护仪器和装置。测量样品放置在电阻加热炉上的铂金坩埚内,样品的加热是分段进行的,为了保证温度的稳定性,在每一个测量的温度点保温时间要在 10 分钟以上。测量晶体在不同温度下的变温拉曼光谱 (图 3.8),通过分析晶体拉曼光谱随温度的变化,为研究晶体结构随温度的变化提供了依据。

图 3.8 为 BGO 晶体从室温逐步升温到 1323K 过程中不同温度下的拉曼光谱。由图可见,随着温度的升高,谱峰中心位置都不同程度地向低波数方向移动,四面体中 Ge—O 键的伸缩振动 (717cm^{-1}、817cm^{-1}) 和摇摆振动 (197cm^{-1})、O—Ge—O 键的弯曲振动 (396cm^{-1}、440cm^{-1}) 及 [GeO$_4$] 四面体的摆动 (239cm^{-1}) 和平动 (139cm^{-1}、163 cm^{-1}) 的特征峰,随着温度的升高,也出现了谱峰强度降低、峰形展宽及谱峰位移等的变化,但相对 [BiO$_6$] 畸变八面体的拉曼峰的变化要小,到熔体中也没有全部消失。Bi—O—Ge 键的弯曲振动峰 (119cm^{-1}) 随温度的升高也逐渐变弱,且相对 [GeO$_4$] 四面体的平动峰 (139cm^{-1}) 变化要大得多,致使两者的相对强度在 1073~1173K 有个交替。Bi、O 和 Ge 原子的振动随着温度的升高逐渐减弱直至消失。上述结果表明,在熔体中,[GeO$_4$] 结构基团仍然存在,但 [BiO$_6$] 结构基团和 Bi—O—Ge 键的振动峰消失,即 [BiO$_6$] 结构基团在熔体中消失。说明在熔体中,[GeO$_4$] 结构基团和 Bi^{3+} 是两种独立存在的基元,长程有序的晶体结构消失。

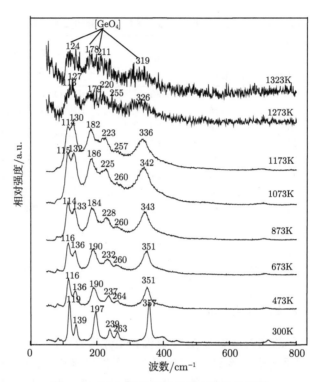

图 3.8　BGO 晶体和熔体的高温拉曼光谱

3. BGO 晶体生长边界层的拉曼光谱研究

BGO 晶体生长边界层观测的实验装置和条件与前面介绍的微型晶体生长炉及相关的原位、实时观测条件相同。加热使微型晶体生长炉中铂金舟内的晶体样品的热端熔化，使舟内的 BGO 形成固/液共存的稳定状态，控制微型晶体生长炉的温度，使其做微小的升温或降温，晶体部分就会有微小的熔化或生长。随后稳定温度，使系统达到动态平衡后，就可以进行高温激光显微拉曼光谱的原位、实时观测。通过对高温显微拉曼光谱的解析，发现在晶体和熔体之间存在着熔体结构向晶体结构过渡的区域，这一区域就是生长边界层。

进行观测实验时，使用 532nm 的脉冲激光作为激发光源，激光光束在焦点处的直径约为 1μm，测量点的位置通过调节移动显微平台进行精确定位。测量具体步骤如下：首先测量位于边界层晶体侧 a 点的拉曼光谱；再移动显微平台，按图 3.9 所示距离将测量点向熔体侧推进，每隔 5~10μm 进行一次测量，b、c、d、e 四个点为测量点的示意图，到生长界面的距离分别为 5μm、30μm、55μm 和 105μm。各测量点的显微拉曼光谱示于图 3.10 中。

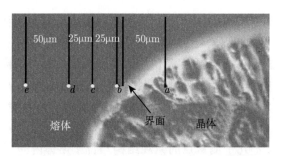

图 3.9 BGO 晶体生长边界层及各测量点位置的示意图

a 点在晶体侧，与固/液界面间的距离为 50μm；b、c、d 和 e 点在熔体中，与固/液界面之间的距离分别为

5μm、30μm、55μm 和 105μm

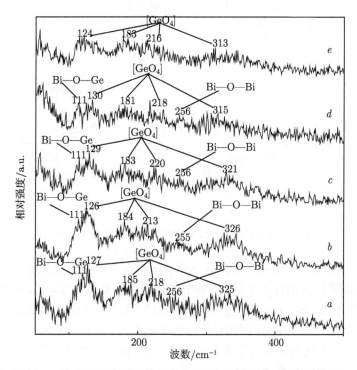

图 3.10 边界层及其两侧的高温熔体和高温晶体的显微拉曼光谱

e 点的拉曼光谱 (图 3.10) 显示，该点只有属于 $[GeO_4]$ 四面体的平动以及摇摆振动的四组拉曼包络 (分别位于 124cm^{-1}、183cm^{-1}、216cm^{-1}、311cm^{-1} 处)，而没有与 $[BiO_6]$ 相关的振动峰，说明在该测量点只存在 $[GeO_4]$ 四面体基团，而 Bi^{3+} 是以游离离子的状态存在的。这和已测量的熔体的宏观高温拉曼光谱结果一致，说明该测量点 e 处于 BGO 晶体的熔体中，其结构是熔体结构。

d 点的拉曼光谱显示，除了有属于熔体结构中的 [GeO₄] 四面体的振动峰外，还观察到位于 111cm⁻¹ 的 Bi—O—Ge 键的弯曲振动峰和位于 256cm⁻¹ 的 Bi—O—Bi 键的弯曲振动峰，说明在 d 点已经有 [BiO₆] 畸变八面体配位结构出现。

分别测量 c 点和 b 点的显微拉曼光谱，这些光谱的峰位与 d 点光谱基本一致，但是某些峰的强度发生了变化，位于 111cm⁻¹ 处的属于桥氧键 Bi—O—Ge 键的振动峰和位于 127cm⁻¹ 处的 [GeO₄] 四面体的振动峰的强度由 d 点到 b 点时都有增强。这说明 b、c、d 几个测量点的微观结构与位于熔体内的 e 点的微观结构不同，有了构成 BGO 晶体结构的 [GeO₄] 四面体和 [BiO₆] 畸变八面体，逐渐形成了具有晶胞结构的特征生长基元 (图 3.11)。当测量点完全位于晶体内时测得 a 点谱线，与 b 点谱线相比，各振动峰强度迅速增强，波峰位置向高波数方向移动。通过对 a、b、c、d、e 各个测量点高温显微拉曼光谱的分析表明，BGO 晶体生长时，在熔体和生长界面之间存在微观结构由熔体结构向晶体结构过渡的区域，我们把它称为晶体生长边界层。

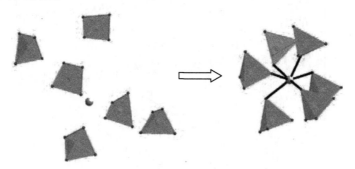

图 3.11   BGO 晶体生长边界层中熔体结构基元向晶体生长基元结构转变的示意图

上述实验结果除了证明 BGO 晶体生长时存在晶体生长边界层外，也对熔体和边界层的微观结构进行了表征，熔体中的微观结构基元为 [GeO₄] 四面体结构和 Bi³⁺，在边界层内，Bi—O—Ge 桥氧键将 [GeO₄] 四面体和 Bi³⁺ 链接起来形成了由 [BiO₆] 畸变八面体和 [GeO₄] 四面体构成的生长基元，该生长基元已具有单胞结构的特征。边界层内这种结构特征既不同于熔体内的结构，也不同于晶体内的结构。

另外，根据实时观测的结果，由 Bi—O—Ge 和 Bi—O—Bi 桥氧键的振动峰消失/出现的位置，可以判断出 BGO 晶体生长边界层的厚度约为 60μm。

3.3.3 KNbO₃ 晶体生长机理的高温激光显微拉曼光谱研究

KNbO₃(简称 KN) 晶体在室温下属于正交晶系 [18]，空间群为 $Amm2$，晶胞参数 a= 5.697Å, b = 3.971Å, c= 5.772Å，属于 ABO₃ 型扭曲钙钛矿型结构，基本的结构单元为 [NbO₆] 基团，钾离子位于 A 格位，铌离子位于 B 格位。这种扭曲结构与晶体的压电、热释电和非线性光学性质有着密切的关系[19]。KN 晶体是性能优异的非线性光学晶体,它的非线性光学系数 d_{31} 是铌酸锂晶体的 2 倍[20],对 1.064μm 激光的腔内倍频转换效率与铌酸钡钠相当[21,22]。

1. KN 晶体的常温及变温拉曼光谱

图 3.12 为 KN 晶体在升温过程中不同温度下的拉曼光谱。从图中可以看出,从 25~600℃,拉曼谱峰的强度减弱,峰形展宽;850 cm^{-1} 附近峰的强度减弱,在 600℃已消失;200~300 cm^{-1} 区域和 500~650 cm^{-1} 区域可分辨峰的数量逐渐减少。这是由于温度效应以及升温过程中 KN 晶体发生了相变,所以拉曼光谱发生了相应的变化。600~900℃,随着温度的升高,谱峰的强度减弱,峰形展宽。600~900℃温度区的变化主要由温度效应引起,即高温导致晶格的无序度增大。

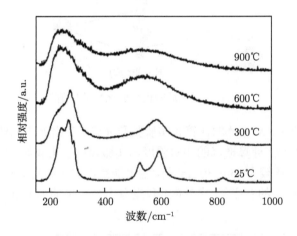

图 3.12　KN 晶体变温实验拉曼光谱

KN 晶体从低温到高温要经历多次相变:三方 $\xrightarrow{\text{(相变温度为 −10℃)}}$ 正交 $\xrightarrow{\text{(相变温度为 215℃)}}$ 四方 $\xrightarrow{\text{(相变温度为 435℃)}}$ 立方[23]。据此可以知道在所测温度下对应的 KN 晶体相分别为:25℃为正交相,300 ℃为四方相,600℃和900℃为立方相。从微结构来看,在相变过程中 [NbO$_6$] 八面体结构会出现微小的变化 (不同程度的扭曲),振动模因受到不同晶体场的作用而产生对称性分裂。表 3.2 为 KN 晶体的正交、四方和立方相中振动模与对称性的相互关系[24]。

表 3.2　KN 晶体的正交、四方和立方相中振动模与对称性的相互关系

立方 Pm3m	四方 P4mm	正交 Amm2
3F$_{lu}$	3A$_1$+3E	3A$_1$+3B$_1$+3B$_2$
F$_{2u}$	E+B$_1$	A$_1$+B$_1$+A$_2$

　　为了选取合理的计算方法和计算参数，以室温正交相 KN 晶体结构为模型对其拉曼光谱做了计算，通过比较计算拉曼光谱和实验光谱来确定所选计算方法以及计算参数的合理性。拉曼光谱的计算以几何优化后单胞模型为基础。图 3.13 为优化后的正交相 KN 的单胞，其参数为 $a = b = 4.02$ Å，$c = 3.91$ Å，$\alpha = \beta = 90.00°$，$\gamma = 89.53°$。优化前单胞参数为 $a = 4.03$ Å，$c = 3.97$ Å，$\alpha = \beta = 90.00°$，$\gamma = 89.73°$。几何优化后各参数的变化小于 1.5 %。

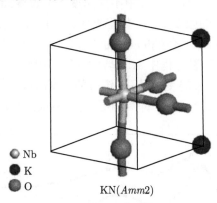

Nb
K
O

KN($Amm2$)

图 3.13　优化后的正交相 KN 的单胞

　　图 3.14 为室温 KN 晶体的计算和实验拉曼光谱。对比 KN 晶体的计算和实验拉曼光谱，我们发现：计算谱峰的相对强度与实验值吻合得较好。但是高波数区域峰的拉曼频移偏差还较大 (60~70 cm^{-1})，这可能是由 KN 结构上的特殊性 ($[NbO_6]$ 八面体中心 Nb 原子的有序–无序效应) 和没有十分精确的 Nb 原子模守恒赝势所导致的。

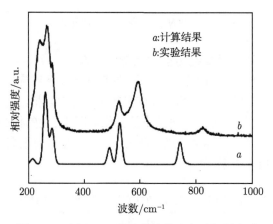

图 3.14　室温 KN 晶体的计算和实验拉曼光谱

虽然计算的拉曼频移与实验值有一定偏差，但是计算谱峰的相对强度与实验光谱吻合得较好，而且计算结果指认了它们归属于正交相 KN 振动模式的对称性，这表明我们所选择的计算方法和计算参数是比较合理的。$450\sim650\ cm^{-1}$ 区间的拉曼峰起源于 Nb—Ø键的弯曲振动；$840\ cm^{-1}$ 附近的拉曼峰起源于 Nb—Ø键的伸缩振动。KN 转为高温立方相后，拉曼光谱中没有观测到 $840\ cm^{-1}$ 附近的振动峰，这是因为 KN 立方相结构中 $[NbO_6]$ 八面体已成为规则的正八面体，而在规则的正八面体中，Nb—Ø键的伸缩振动不具备拉曼活性。

2. KN 晶体生长边界层的拉曼光谱研究

在水平放置的铂金舟内加热 KN 晶体，使其一端熔化，然后缓慢降温，使得 KN 晶体开始生长，并生长出部分新晶体，在生长和熔化达到动态平衡后，系统就构建成具有稳定的晶体–熔体的生长体系 (图 3.15)，采集生长界面两侧晶体和熔体的拉曼光谱，以获取生长界面附近晶体、熔体的结构及其变化的信息。界面附近各个拉曼光谱采集点的位置见图 3.15。A 在晶体上，离界面约 10 μm；B 和 C 在熔体中，离界面分别约为 5 μm 和 10 μm。

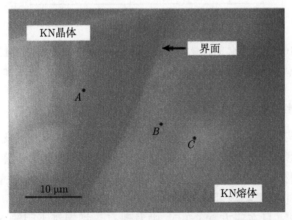

图 3.15　KN 晶体–熔体界面和界面附近拉曼光谱测量点的位置

A 在晶体上，离界面约 10 μm；B 和 C 在熔体中，离界面分别约为 5μm 和 10μm

为了确定在 A 点处新生成的晶体是否为 KN 晶体，对比了 A 点的拉曼光谱 (图 3.16 中 A 谱线) 和实验中 900℃下的 KN 晶体拉曼光谱 (图 3.12 中谱线)。A 点的拉曼光谱与其一致，表明新生成的晶体为 KN 晶体。

图 3.16 中显示了熔体侧的拉曼光谱在生长界面附近的变化。KN 熔体的拉曼光谱 (D 谱线) 较简单，仅有一个位于 $800\sim900\ cm^{-1}$ 区域的强包络，但是根据其轮廓的非对称性，可判断该包络至少是两个峰叠加而成的；C 点的拉曼光谱和熔体的拉曼光谱基本一致；B 谱线由三个包络组成，分别位于 $350\ cm^{-1}$ 附近、$450\sim700$

cm^{-1} 区域和 800~900 cm^{-1} 区域,而且 800~900 cm^{-1} 区域也是一个非对称的强包络。比较 A、B、C 点和熔体的拉曼光谱,表明:C 点的结构与熔体结构相同。B 点的拉曼光谱已出现了 450~700 cm^{-1} 区域的包络峰,该包络峰和 900℃的 KN 晶体的拉曼光谱基本一致,表明熔体中的结构基元已部分转化成了具有立方单胞结构特征的生长基元,呈现逐渐向晶体过渡的趋势。由此可以推断在 C 点和生长界面之间存在一个熔体结构向晶体结构过渡的区域,即晶体生长边界层。

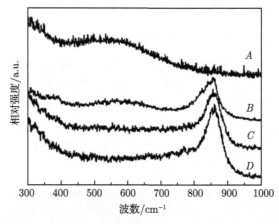

图 3.16   KN 熔体的拉曼光谱 (D 谱线) 和各个测量点的拉曼光谱

A 在晶体中,离界面 10 μm;B 和 C 在熔体中,离界面分别为 5μm 和 10μm

3. KN 晶体生长边界层结构演变和晶体生长微观机理

KN 晶体结构已确定,分析边界层内生长基元微观结构的演变过程 (微观生长机理) 需要知道熔体及边界层内生长基元的结构。熔体的拉曼光谱较简单,只在高频区有一个非对称性的强包络,而且中频区没有峰 (通常起源于桥氧键的振动),表明 KN 晶体熔体中铌氧结构可能为简单小团簇。在所有的 MNbO$_3$(M=Na、K、Rb) 晶体结构中 [25,26],只在三方 NaNbO$_3$ 中发现有一类铌氧小团簇 Na[NbO$_3$],其中 [NbO$_3$] 基团呈三角锥型。我们推测熔体的铌氧结构可能为 [NbO$_3$] 三角锥型基团。

通过高温拉曼光谱,Voron'ko 等 [27] 研究了 Li$_2$O-Nb$_2$O$_5$ 体系的熔体结构,他们也得到了和图 3.16 中 B 谱线相似的谱线,他们认为熔体中铌氧结构为 [NbO$_3$] 链状结构;另外,Andonov 等 [28,29] 采用 X 射线衍射法研究了 LiNbO$_3$ 的熔体结构,得出的结论是:熔体中 Nb 原子主要以四配位的形式存在。根据这些结果,我们认为:边界层的熔体结构可能是由共顶点的四配位 Nb 原子形成的 [NbO$_2$∅$_2$] 链状结构,见图 3.17。

根据分析结果,我们对熔体的拉曼光谱和边界层内生长基元的拉曼光谱中的特征峰做了归属。熔体的拉曼光谱中的非对称强包络实际上包含两个子峰,位于

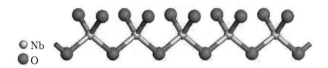

图 3.17　边界层内可能的 [NbO$_2$Ø$_2$] 链状结构

834 cm^{-1} 和 910 cm^{-1} 处, 分别起源于 [NbO$_3$] 基团中 Nb—O 键的反对称伸缩振动和对称伸缩振动。边界层内的拉曼光谱包括三个包络：①350 cm^{-1} 附近的包络起源于 Nb—O 键的弯曲振动；②450~750 cm^{-1} 区域的包络起源于 Nb—Ø 键的伸缩振动；③800~900 cm^{-1} 区域的包络起源于 Nb—O 键的伸缩振动。

根据熔体的结构和边界层的结构, 我们揭示了 KN 晶体的微观生长机理。每个 [NbO$_3$] 基团都含有三个端基氧, 在边界层内, 每两个 [NbO$_3$] 基团通过共用一个氧原子聚合成 [NbO$_2$Ø$_2$] 链状结构 (边界层内铌氧基团的结构转变见图 3.18), [NbO$_2$Ø$_2$] 链状结构为 KN 晶体的生长基元。链状结构的基本单元 [NbO$_2$Ø$_2$] 含有两个端基氧, 生长基元中的端基氧和钾离子键链进一步形成具有立方相 KN 晶体单胞结构的生长基元。

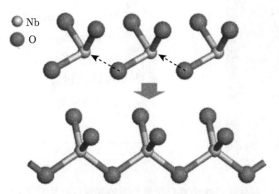

图 3.18　边界层内铌氧基团的结构转变示意图

KN 晶体虽然是一个从低温到高温存在多个相变的复杂晶体, 但对其高温显微拉曼光谱的研究表明, 该晶体在生长过程中同样存在着由熔体结构向晶体结构过渡的区域, 即晶体生长边界层。

3.3.4　KTa$_x$Nb$_{(1-x)}$O$_3$ 晶体生长机理的高温激光显微拉曼光谱研究 [30,31]

KTa$_x$Nb$_{(1-x)}$O$_3$ (简称 KTN) 晶体也是一个同成分熔融晶体, 是 KTaO$_3$ 和 KNbO$_3$ 的混晶, KTaO$_3$ 和 KNbO$_3$ 可以以任意比例混合, 这类晶体又称为固溶体晶体。这类晶体的结构、性能与两者之间的比例相关, 因此我们把研究 KTN 晶体生长的微观机制, 作为这类晶体生长时微观结构演化的代表。

实验同样是采用高温显微拉曼光谱仪对微型晶体生长炉内的晶体生长过程进行原位实时观测。实验操作过程前面已有介绍不再重复, 图 3.19 是实验的观测点 A、B、C、D、E 和各个观测点的显微拉曼光谱。在谱线 E 中只存在 $868cm^{-1}$ 的 $[Ta/NbO_3]$ 四面体的特征振动峰, 也是 KTN 熔体特征峰。随着观测点由 E 到 A, $[Ta/NbO_3]$ 四面体的特征振动峰 $(868cm^{-1})$ 强度逐渐减弱, 并在晶体上的测量点 A 点处消失, 表明 KTN 晶体中没有 $[Ta/NbO_3]$ 四面体存在。从 D 点开始出现 $400\sim700cm^{-1}$ 范围内的包络峰, 该峰被指认为 $[Ta/NbO_6]$ 八面体振动的包络峰, $[Ta/NbO_6]$ 八面体是 KTN 晶体的基本结构基元, 其包络峰的强度由 D 到 A 逐渐增强; 而 $[Ta/NbO_3]$ 四面体特征振动峰在逐渐减弱, 表明 KTN 晶体生长时, 在 E 和 A 之间的区域, 熔体结构基团 $[Ta/NbO_3]$ 四面体逐渐转化为 $[Ta/NbO_6]$ 八面体结构的晶体生长基元, 由 $[Ta/NbO_6]$ 八面体构成的生长基元已具有 KTN 晶体单胞结构的特征。

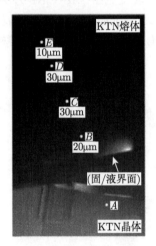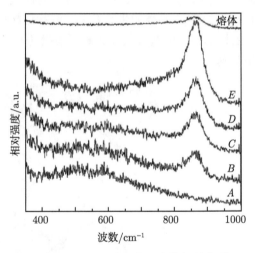

图 3.19　KTN 晶体生长时边界层拉曼光谱的测量点照片及其对应的拉曼光谱

通过对 KTN 晶体生长时采集到的观测点的高温显微拉曼光谱的分析, 可以看出: 在 KTN 晶体和生长它的熔体之间存在熔体结构向晶体结构转化的区域, 即晶体生长边界层, 在本实验中认为 D、A 之间的区域是 KTN 晶体的生长边界层, 其厚度为 $80\sim90\mu m$。

KTN 熔体中的 $[Ta/NbO_3]$ 四面体转化成 $[Ta/NbO_6]$ 八面体的过程和 KN 晶体相似。KTN 熔体中的结构基元 $[Ta/NbO_3]$ 四面体中的 Ta/Nb 在生长边界层内演化成共顶点的四配位, 进而形成 $[Ta/NbO_6]$ 八面体的生长基元; 越靠近生长界面, $[Ta/NbO_6]$ 八面体结构生长基元的数量越多; 生长成的 KTN 晶体中, 只存在

[Ta/NbO$_6$] 八面体结构。需要说明的是,在 350~400cm^{-1} 范围内的谱线上扬 (类似于包络峰) 是高温背景热辐射效应在低波数区域的反映,并非是拉曼光谱。

KTN 晶体高温显微拉曼光谱原位实时研究其生长过程微观结构演化的结果表明,在 KTN 晶体生长时,存在 [Ta/NbO$_3$] 四面体向 [Ta/NbO$_6$] 八面体转化的过渡区域,即由熔体结构向晶体结构过渡的晶体生长边界层。

3.3.5 α-BiB$_3$O$_6$ 晶体生长边界层的高温激光显微拉曼光谱研究 [32,33]

α-BiB$_3$O$_6$(BIBO) 晶体是一种性能优良的非线性光学晶体,围绕其结构、生长以及性能国内外已开展了大量的研究工作。BIBO 晶体为单斜晶系 ($C2$ 空间群),晶胞参数为:a= 7.116 Å, b= 4.993 Å, c=6.058 Å;β= 105.62°;Z=2。BIBO 晶体结构是由 Bi 原子与 [BO$_4$] 和 [BO$_3$] 基团相互连接组成的 [34]。[BO$_4$] 四面体和 BO$_3$ 三角基团按照摩尔比 1:2 的比例连接,形成二维网络硼氧层。Bi 原子处于硼氧层间,而且和 O 原子形成畸变的六配位八面体。BIBO 晶体的物化性质稳定,在空气中不潮解;透光波段为 280~2500 nm;有效非线性光学系数 d_{eff} = 3.2 pm/V,高于常用的非线性光学晶体材料 KTiOPO$_4$(KTP)、β-BaB$_2$O$_4$(β-BBO) 和 LiB$_3$O$_5$(LBO) 等 [35];具有高的激光损伤阈值 (300 MW/cm^2)[36] 和大的接收角 (2.7 mrad·cm)。使用该晶体可以实现 Nd: YAG 激光的三倍频 (355 nm) 激光输出和波长在 375~435 nm 的飞秒可调谐激光输出 [37,38]。

BiB$_3$O$_6$ 晶体是同成分熔融的晶体,采用高温显微拉曼光谱技术,对 BiB$_3$O$_6$ 晶体的生长过程进行了原位实时观测,实验所使用的微型晶体生长炉以及相应的实验方法在前面的章节中已有介绍,此处不再重复。实验采集了 a、b、c、d 观测点的高温显微拉曼光谱,如图 3.20 所示。采集的高温激光显微拉曼光谱显示,BiB$_3$O$_6$ 晶体在生长过程中微观结构发生了演化。研究结果表明,该晶体生长时同样存在着晶体生长边界层。

d 点显微拉曼光谱的主要特征峰为 1300 cm^{-1}、630 cm^{-1} 和 350cm^{-1},分别归属于 (BOØ)$_n$ 链中 B—Ø 的伸缩振动峰、(BOØ)$_n$ 链弯曲振动峰以及 (BOØ)$_n$ 链与熔体中其他原子的外振动峰,它们是 BiB$_3$O$_6$ 晶体熔体的特征拉曼峰。该拉曼光谱还表明,熔体中结构基元是链状的 (BOØ)$_n$ 基团和游离的 Bi^{3+}。c、b 两个测量点位于晶体生长边界层内,350cm^{-1} 特征峰强度增加,并分裂成几个峰,这些峰是Bi—Ø—B 桥氧键的特征峰,表明边界层中 Bi^{3+} 和 (BOØ)$_n$ 已有键链;新出现的特征峰 575 cm^{-1} 归属于 [BØ$_4$] 的对称伸缩振动,表明边界层中还存在 (BOØ)$_n$ 链之间的键链。而 BiB$_3$O$_6$ 晶体单胞为 Bi$_2$B$_3$Ø$_8$ 基团,包含 [BØ$_4$] 基团和 Bi—Ø—B 桥氧键,可以认为边界层内已经形成具有 BiB$_3$O$_6$ 晶体单胞结构特征的生长基元。BiB$_3$O$_6$ 晶体在晶体生长过程中,微观结构基元在边界层内的演化如图 3.20(c) 所示。

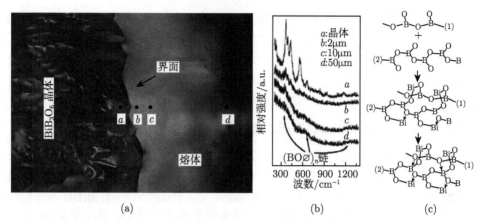

图 3.20 BiB_3O_6 晶体生长边界层测量位置 (a)，拉曼光谱 (b) 和结构基元演化过程 (c)

BiB_3O_6 晶体生长边界层高温显微拉曼光谱技术原位实时研究的结果表明，在本实验中 d 和生长界面之间的区域是晶体生长边界层，在这一区域中，熔体结构基元已开始相互键链，形成具有单胞结构特征的生长基元，其拉曼特征峰为 575 cm^{-1}。随着测量点与生长界面之间的距离减小，特征峰强度增加，表明在边界层生长基元的数量在逐渐增加，或者是生长基元在长大。BiB_3O_6 晶体生长过程中微观结构的演化还表明，在同成分熔融的晶体生长过程中，存在由熔体结构向晶体结构过渡的晶体生长边界层，应该是晶体生长过程中存在的普遍现象。

3.3.6 α-BaB_2O_4 晶体熔体法生长机理的高温激光显微拉曼光谱研究

1. α-BaB_2O_4 晶体的性能及结构

偏硼酸钡 (BaB_2O_4) 存在着高温相 (α-BaB_2O_4) 和低温相 (β-BaB_2O_4) 两种多型体，同成分熔点为 1095℃，其相变温度为 925℃。高温相偏硼酸钡 (α-BaB_2O_4，简称 α-BBO) 晶体属于三方晶系，具有对称中心，无倍频效应，是一种新型的双折射晶体。它双折射率大，透光范围宽 (在 189~3500nm 范围内)，尤其是在紫外，有很高的透过率，弥补了 YVO_4 等晶体的不足，是一种极具潜力，有望部分取代天然方解石的新型紫外双折射晶体。用它可制作成各种规格的棱镜和其他光学器件，如沃拉斯顿棱镜、洛匈棱镜、格兰-泰勒棱镜、偏光棱镜和光隔离器件等 [39-42]。因为 α-BBO 晶体是同成分熔化的化合物，所以可以采用熔体提拉法 (Cz 法) 生长，但是要生长出大尺寸无开裂的 α-BBO 晶体是非常困难的，需要一定的技术措施才能使其在室温下保留高温相结构。

α-BBO 晶体是一种负单轴晶体，晶胞参数为 $a=7.2351Å$，$c=39.1924Å$，$\alpha = \beta = 90°$，$\gamma = 120°$，$Z=18$，它在 1064nm 处的双折射率为 $n_0 = 1.655$ 和 $n_0=1.533$。α-BBO 晶体是由 Ba^{2+} 和 $[B_3O_6]^{3-}$ 环组成的 (图 3.21)，$[B_3O_6]^{3-}$ 环呈平面状 (图

3.22)。该晶体还具有对称中心，Ba^{2+} 处于中心对称的分布状态，其中一种配位方式为 Ba^{2+} 位于空间群中具有 D_3 对称性的特殊等效点上，配位数为 6；另一种是 Ba^{2+} 位于具有 C_3 对称性的特殊等效点上，配位数为 9，如图 3.23 所示。α-BBO 中硼氧环相当均匀地分布在 c 轴共 12 个层上，所有的 $[B_3O_6]^{3-}$ 环和 Ba^{2+} 相间分布，二者不在同一 z 高度上[43]。

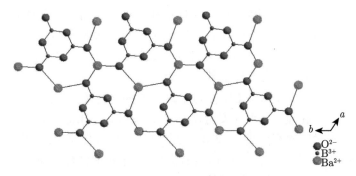

图 3.21 α-BBO 晶体结构在 (001) 面

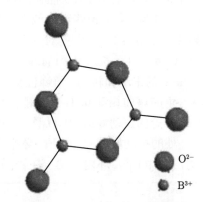

图 3.22 $[B_3O_6]^{3-}$ 结构基团

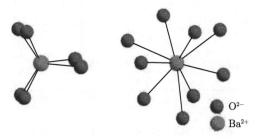

图 3.23 α-BBO 晶体中 Ba^{2+} 的配位数

2. α-BBO 晶体常温拉曼光谱解析

α-BBO 晶体属空间群 $R\bar{3}c$[44]，因为该晶体既具有稳定共价键 $[B_3O_6]^{3-}$ 结构基团，同时又具有 Ba^{2+}，所以它具有离子型共价结构基团晶体的价键性质。因此，其振动模式可近似地分成内振动模式和外振动模式，内振动模式对应于 $[B_3O_6]^{3-}$ 结构基团内部振动，外振动模式则主要对应 $[B_3O_6]^{3-}$ 结构基团与 Ba^{2+} 在晶格中的移动，以及 $[B_3O_6]^{3-}$ 基团和 Ba^{2+} 之间的相互作用。α-BBO 晶体的每个单胞中包含 18 个分子，由群论分析可得，内振动的不可约表达式为 $\Gamma_{int} = 7A_{1g} + 7A_{2g} + 14E_g + 7A_{1u} + 7A_{2u} + 14E_u$，外振动的不可约表达式为 $\Gamma_{ext} = 3A_{1g} + 4A_{2g} + 7E_g + 2A_{1u} + 4A_{2u} + 6E_u$，其中奇数模都是拉曼活性的 [45]。

$[B_3O_6]^{3-}$ 结构基团是 α-BBO 晶体中最主要的结构单元，该结构具有 D_{3h} 对称性，27 个振动自由度，不可约表达式为 $\Gamma_{ring} = 3A_1' + 3A_2' + 3A_2'' + 6E' + 3E''$，与内振动模式相对应的有 $\Gamma_{ring}^{int} = 3A_1' + 2A_2' + 2A_2'' + 5E' + 2E''$，其中 A_1'、E' 和 E'' 是拉曼活性的，即 $[B_3O_6]^{3-}$ 结构基团就有 10 个拉曼活性振动模 [46]。

图 3.24 为 α-BBO 晶体常温下的拉曼光谱，参考 Ney 等 [47] 对 $[B_3O_6]^{3-}$ 结构基团的特征振动频率的计算结果，我们对 α-BBO 晶体的各振动峰进行了指认，并列于表 3.3 中。所测得的谱峰可分为两组：谱峰频移低于 300cm^{-1} 的属于 α-BBO 晶体的外振动模式；谱峰频移在 300~900cm^{-1} 的对应于与 $[B_3O_6]^{3-}$ 结构基团相关的内振动模式。例如，谱峰位置为 146.5cm^{-1}、154.8cm^{-1} 和 219.2cm^{-1} 的振动峰属 $[B_3O_6]^{3-}$ 结构基团和 Ba^{2+} 的平动和转动；谱峰位置在 413cm^{-1} 和 418cm^{-1} 处的振动峰为 $[B_3O_6]^{3-}$ 环内角的弯曲振动和 B—O 键的伸缩振动；谱峰位置在 485cm^{-1}、615cm^{-1} 和 639cm^{-1} 处的振动峰属 $[B_3O_6]^{3-}$ 环内角的弯曲振动；谱峰位置在 690cm^{-1} 和 696cm^{-1} 处的振动峰属 $[B_3O_6]^{3-}$ 环平面外振动；而谱峰位置在 768cm^{-1} 处的振动峰则对应 $[B_3O_6]^{3-}$ 环内部 B—O 键的伸缩振动。

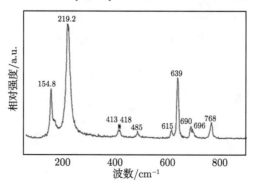

图 3.24　α-BBO 晶体常温下的拉曼光谱

谱峰 146.5cm^{-1} 因位置受限未在上图标出

表 3.3　α-BBO 晶体拉曼活性振动模式解析

波数/cm^{-1}	简正振动模的近似描述	对称类型
	内振动	
768.3	[B$_3$O$_6$]$^{3-}$ 环内部 B—O 键的伸缩振动	A$_1'$
696.6 690.9	[B$_3$O$_6$]$^{3-}$ 环平面外振动	E$''$
639.7 614.8	[B$_3$O$_6$]$^{3-}$ 环内角的弯曲振动	A$_1'$
485.4 475.5	[B$_3$O$_6$]$^{3-}$ 环内角的弯曲振动	E$'$
418.1 413.1	[B$_3$O$_6$]$^{3-}$ 环内角的弯曲振动 和 B—O 键的伸缩振动	E$'$
	外振动	
219.2 154.8 146.5	[B$_3$O$_6$]$^{3-}$ 环和 Ba^{2+} 的平动和转动	——

3. α-BBO 晶体变温拉曼光谱

图 3.25 所示谱线为分别在室温、473K、673K、873K、1073K、1273K 测得的

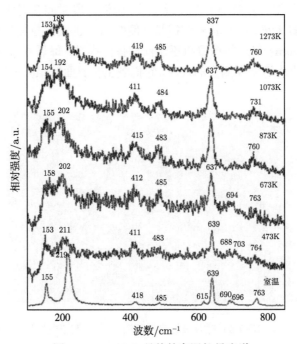

图 3.25　α-BBO 晶体的高温拉曼光谱

α-BBO 晶体的变温拉曼光谱，测量设备配置及测量步骤同前。随着温度的升高，各谱峰频率减小，谱峰位置往低波数方向移动；且各谱峰都有不同程度的展宽，并出现两个相邻的谱峰叠加在一起形成一个大的包络峰的现象，例如，室温时位于 155cm^{-1} 和 219cm^{-1} 处的谱峰当温度升高至 1273K 时，两谱峰叠合在一起形成一个中心位于 190cm^{-1} 外的宽包络。这说明 α-BBO 晶体在温度升高时，结构基元及原子间的振动加剧，各个化学键结构特征 (键长、键角) 出现一定宽度的分布。

位于 740 cm^{-1}、630 cm^{-1}、485 cm^{-1} 和 415 cm^{-1} 处的四个属于 $[B_3O_6]^{3-}$ 结构基团的特征振动峰，当温度升高至 1273K 时都依然存在，只有位于 690 cm^{-1} 处的 $[B_3O_6]^{3-}$ 结构基团平面外振动的一个较弱的振动峰几乎消失。这说明在高温状态下，α-BBO 晶体内仍有 $[B_3O_6]^{3-}$ 结构基团存在。

4. α-BBO 晶体生长边界层的高温拉曼光谱

α-BBO 晶体生长边界层观测的实验装置和条件与前面测试晶体高温拉曼谱的条件相同。加热使微型晶体生长炉中铂金舟内的晶体样品的热端熔化，使舟内的 α 晶体和熔体形成共存的稳定状态，控制微型晶体生长炉的温度，使其做微小的升温或降温，晶体部分就会有微小的熔化或生长，恒温一段时间获得稳定的 α-BBO 晶体生长界面，如图 3.26 所示。首先测得晶体侧的 A 点的高温拉曼光谱，该点到生长界面的距离为 25μm；然后将探测点逐步向熔体侧推进，每隔 5~10μm 进行一次测量，B、C 和 D 点为这些探测点的代表，它们到生长界面的距离分别为 5μm、55μm 和 155μm。

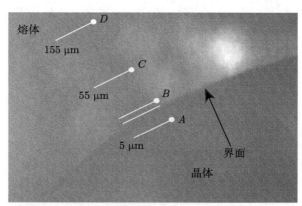

图 3.26　α-BBO 晶体固/液边界层高温拉曼光谱实时探测点示意图

A 点在晶体侧，与生长界面间的距离为 25μm；B、C 和 D 点在熔体中，与生长界面之间的距离分别为

5μm、55μm 和 155μm

图 3.27 是 α-BBO 晶体生长边界层的高温拉曼光谱图，在晶体侧探测点 A 处测得的光谱中，可以明显地看到位于 419cm^{-1}、481cm^{-1}、635cm^{-1} 和 760cm^{-1} 处的 $[B_3O_6]^{3-}$ 结构基团的特征峰。然后将探测点往熔体侧推移，测得 B 和 C 点的拉曼光谱，在这两处的拉曼光谱中也可以清晰地看到 $[B_3O_6]^{3-}$ 结构基团的特征振动峰 (如 419cm^{-1}、481cm^{-1}、635cm^{-1} 和 760cm^{-1} 处的振动峰)。与 A 点的光谱相比较，各谱峰的峰强都有减弱，但各谱峰的峰位没有发生明显变化，说明 B 和 C 点的结构与 α-BBO 晶体中 $[B_3O_6]^{3-}$ 的结构相似。将在 D 点测得的拉曼光谱与 B 和 C 点的拉曼光谱相比较发现，635cm^{-1} 处环内角的弯曲振动峰强度减弱但仍然存在，而 760cm^{-1} 处 $[B_3O_6]^{3-}$ 六元环呼吸振动峰消失，这预示了在熔体中 $[B_3O_6]^{3-}$ 六元环可能开环形成链状偏硼酸根。上述结果表明在 α-BBO 的生长边界层内，熔体中的链状偏硼酸根已连接形成 $[B_3O_6]^{3-}$ 结构基团，可以和 Ba^{2+} 连接形成具有单胞结构特征的生长基元。边界层的结构有别于熔体和晶体，边界层厚度 (即从 C 点到晶体表面的距离) 约为 50μm。

α-BBO 晶体是同成分熔融的晶体，它可以采用熔体法生长，但在熔体法生长中需要解决生长后降温过程的结构相变问题；它也可以采用助溶剂法生长，使结晶温度低于结构相变温度，避免了晶体在降温过程中受结构相变的影响。两种生长方法的高温显微拉曼光谱的生长机理研究表明，α-BBO 晶体在两种生长方法的生长过程中都存在晶体生长边界层，因此晶体生长边界层应是晶体生长过程中都存在的微观结构演变的过渡层。

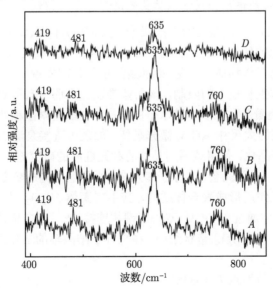

图 3.27 α-BBO 晶体生长边界层的高温拉曼光谱图

3.4   助溶剂法晶体生长边界层的高温激光显微拉曼光谱的研究

在晶体的分类中，把晶体的组分和生长其熔体 (或高温溶液) 的组分不一致的晶体称为非一致熔融晶体。这类晶体在功能晶体中占有相当的比例，因此研究这一类晶体生长的微观机制，获得晶体生长的规律，是晶体生长机理研究的重要组成部分。这类晶体生长时，其熔体 (或高温溶液) 组分和晶体组分并不相同，若熔体 (或高温溶液) 构成成分和晶体的构成成分相同，只是组分的比例不同，则其熔体 (或高温溶液) 的原料配制必须在相图的液相线上，这种生长方式称为自助溶生长，即助溶剂成分为晶体的成分之一。另一类晶体生长时其助溶剂完全不同于晶体的组分，我们把这种生长方法称为助溶剂法晶体生长。对于非一致熔融晶体，在晶体分类中还可以称为包晶体。

虽然助溶剂法主要应用于非一致熔融晶体的生长，但是也可以应用于高熔点的同成分熔融晶体的生长，或者在熔点下有结构相变晶体的生长。本节主要介绍各类助溶剂法晶体生长过程中微观结构演化的原位实时观测实验及研究结果，为探索晶体生长过程中微观结构演化的普遍规律奠定基础。

3.4.1 $KGd(WO_4)_2$ 晶体生长边界层的高温激光显微拉曼光谱研究[48]

1. $KGd(WO_4)_2$ 晶体结构及常温拉曼光谱特征峰的指认

$KGd(WO_4)_2$ 晶体 (简称 KGW)，属于 $KLn(WO_4)_2$ 双钨酸盐家族 (Ln 代表 Y、Gd、Lu 或其他的稀土元素)。部分 Gd^{3+} 被镧系元素取代后，该晶体可成为一种稀土掺杂的激光工作物质。早在 20 世纪 70 年代就发现了它的受激辐射特性，由于受到当时晶体生长技术的限制，该晶体难以长大而没有得到广泛的研究和应用 [49]。近年来，随着晶体生长工艺水平的提高，中国科学院福建物质结构研究所已制备出质量优良的大尺寸 KGW 激光晶体，加之可直接泵浦 KGW 激光晶体的激光二极管已经商品化，使得该系列晶体的激光性能的研究更加受到关注。

KGW 晶体属于单斜晶系，W 原子和六个 O 原子配位构成畸变的八面体 $[WO_6]$。钨氧基团之间相互作用形成聚合体结构，其中二聚体 W_2O_{10} 包含两个 $[WO_6]$ 八面体，这两个八面体通过 WOOW 双桥氧键相连接 [50,51]。二聚体间又通过 WOW 单桥氧键相连形成 $(W_2O_8)_n$ 带状结构，在平行于结晶轴的 c 轴方向上延伸，详细结构见图 3.28。

由于 KGW 晶体熔点为 1086℃，并在熔点下有相变点 1021℃存在，所以采用同成分熔体法晶体生长时，容易产生结构相变引起的晶体开裂，为了在相变点以下实现晶体生长，KGW 晶体生长一般都采用 $K_2W_2O_7$ 过量的方法 [52,53]，即自助溶的方法，使晶体在低于相变点的温度下结晶，因此本实验中高温溶液的凝固体是 $K_2W_2O_7$ 过量的配料。

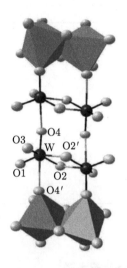

图 3.28 包含 $[WO_6]$ 八面体的带状结构 $(W_2O_8)_n$

图 3.29 及表 3.4 是实验测量得到的 KGW 晶体的室温拉曼光谱及对其谱峰的指认。其中位于 $905cm^{-1}$、$770cm^{-1}$ 和 $351cm^{-1}$ 的拉曼谱峰，分别为 $[WO_6]$ 八面体的对称伸缩振动峰、WOOW 双桥氧键的伸缩振动峰和 WOOW 双桥氧键的面外弯曲振动峰。

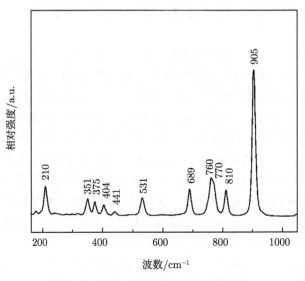

图 3.29 KGW 晶体的室温拉曼光谱

表 3.4   KGW 晶体的室温拉曼光谱谱峰的指认

拉曼位移/cm^{-1}	振动模指认
905	ν(W—O) 在 WO$_6$ 中
810	ν(WOW)
770	ν(WOOW)
760	ν(W—O) 在 WO$_6$ 中
689	ν(W—O) 在 WO$_6$ 中
531	ν(WOOW)
441	δ(WOW)
404	ν(W—O)
375	δ(W—O) 在 WO$_6$ 中
351	γ(WOOW)
210	T'(Gd^{3+})

注: ν: 伸缩振动; δ: 面内弯曲振动; γ: 面外弯曲振动; T': 平动。

2. KGW 晶体变温及熔体的拉曼光谱

为了获得 KGW 晶体生长过程中生长界面附近微观结构的准确信息, 分别在室温、200℃、400℃、700℃和 900℃下测量 KGW 晶体的拉曼光谱, 以便于分析随着温度升高 KGW 晶体的结构变化情况。图 3.30 为测量的 KGW 晶体变温及熔体的拉曼光谱, 可以看出随着温度的升高, 大部分的拉曼谱峰出现了向低频移动和展宽的趋势。谱峰向低频移动是由温度升高引起 KGW 晶格常数增大造成的; 谱峰展宽是由温度升高, KGW 晶体中原子的振动加剧, 各种键长和键角的分布变宽导致的。

然而, 位于 770cm^{-1} 处的峰的频率变化比较异常, 它是随着温度升高向高频移动的, 在 400℃时该峰分裂成为两个小峰 (图 3.30), 温度升到 700℃及以上时, 该峰与因温度升高而向低频方向移动的 810cm^{-1} 振动峰重合, 重合后的峰位于 798cm^{-1} 处。770 cm^{-1} 处的峰随温度变化的反常移动现象已经被 Kasprowicz 等[54,55] 报道过, 他们认为该峰是 WOOW 双桥氧键的伸缩振动峰, 而 WOOW 双桥氧键由两个 [WO$_4$] 连接而成, 随着温度升高, [WO$_4$] 间的距离变大使得 WOOW 键长发生变化, 其中 W—O 的键长变短, 导致该峰向高频移动。室温时, 770cm^{-1}、810cm^{-1} 处的峰分别指认为 WOOW 双桥氧键的伸缩振动峰和 WOW 的反对称伸缩振动峰, 所以高温时, 798cm^{-1} 处的峰应该指认为 WOOW 双桥氧键的伸缩振动和 WOW 桥氧键的反对称伸缩振动的耦合振动峰。

另一个反常的拉曼峰位于 351cm^{-1} 处, 随着温度升高基本没有频率变化, 由于该峰被指认为 WOOW 双桥氧键的面外弯曲振动峰, 其反常的行为也归结于以上的原因。另外,位于 351cm^{-1} 处的谱峰在 700℃以上时与 375cm^{-1} 峰位因温度升高而向低频方向移动的振动峰重合,重合峰的频率仍在 351cm^{-1} 处,而 375cm^{-1} 处的谱峰在室温时是 [WO$_6$] 八面体中 W—O 键的面内弯曲振动峰,故 700℃以上时 351cm^{-1} 处的拉曼峰应该指认为 WOOW 双桥氧键的面外弯曲振动和 [WO$_6$] 八面体中 W—O 键的面内弯曲振动的耦合振动峰。

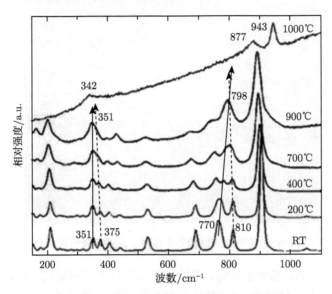

图 3.30　KGW 晶体变温及熔体的拉曼光谱

当温度升至 1000℃时,KGW 晶体熔化成熔体,熔体的拉曼光谱如图 3.30 最上方谱线所示,三个谱峰位于 943cm^{-1}、877cm^{-1} 和 342cm^{-1} 处,它们分别为游离 [WO$_4$] 四面体的对称伸缩振动、反对称伸缩振动和面内弯曲振动。Basiev 等[56]曾研究过钨酸盐熔体的拉曼光谱,他们报道的拉曼谱峰及谱峰的指认和本工作类似。同样的研究结果在钨酸盐水溶液的拉曼光谱中也曾报道过[57]。所以可以认为 KGW 熔体中的基本结构单位为游离的 [WO$_4$] 四面体。

3. KGW 晶体生长边界层的拉曼光谱

　　为了使 KGW 晶体能在相变点以下生长,实验采用了自助溶的生长方法进行。制备了可生长 KGW 晶体的高温溶液的凝固体,其原料中有过量的 K$_2$W$_2$O$_7$ 作为助溶剂 (仍是 KGW 晶体液相线的组分),K$_2$W$_2$O$_7$ 过量的原则是能使 KGW 晶体的生长温度在其相变温度之下,我们使用的助溶剂 K$_2$W$_2$O$_7$ 和晶体 KGW 成分的摩尔比为 88.5:11.5,把其熔化再凝固后就可在实验时使用。实验时,在微型晶体生长炉内的坩埚中一端放置 KGW 晶体作为籽晶,紧靠籽晶在另一端放置高温溶液的凝固切片。这样当凝固切片和籽晶的一小部分被熔化后,就形成了 KGW 晶体的自助溶生长系统,其结晶温度就可以低于 KGW 熔点附近的相变温度。

图 3.31 为 KGW 晶体在微型晶体生长炉中生长时的照片,高温显微拉曼光谱的采集点分别为 a、b、c、d、e,采集点 a 位于晶体表面,b 点紧靠生长界面,采集点 c、d、e 逐渐远离界面向高温溶液方向移动。

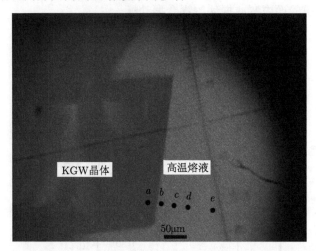

图 3.31　KGW 晶体生长时生长界面附近不同拉曼光谱采集点的位置图

图 3.32 为 KGW 晶体生长时,在生长界面附近不同测试点采集的高温显微拉曼光谱,可以看到,测试点 e、d 处的拉曼光谱的三个谱峰为 949cm^{-1}, 878 cm^{-1} 和 343 cm^{-1},它们和 KGW 熔体拉曼光谱的三个谱峰 (943 cm^{-1}, 877cm^{-1} 和 342 cm^{-1}) 非常相似,表明 e、d 点处的拉曼光谱是 KGW 晶体熔体的拉曼光谱,其基本结构单元为游离的 [WO$_4$] 四面体。

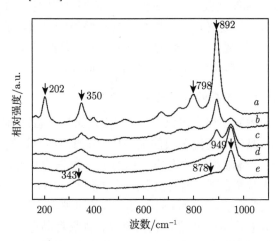

图 3.32　KGW 晶体生长界面附近不同测试点采集的高温显微拉曼光谱

当测试点从 c 移向 b 点时，游离的 [WO_4] 四面体的三个谱峰 949cm^{-1}，878 cm^{-1} 和 343 cm^{-1} 处的三个拉曼谱峰的强度逐渐减弱，同时位于 892 cm^{-1}，798 cm^{-1} 和 350 cm^{-1} 等处的峰开始出现并逐渐增强，这三个峰分别归属为 [WO_6] 八面体中 W—O 键的伸缩振动、WOOW 双桥氧键的伸缩振动和 WOW 桥氧键的反对称伸缩振动的耦合振动、WOOW 双桥氧键的面外弯曲振动和 [WO_6] 八面体中 W—O 键的面内弯曲振动的耦合振动，而这三个特征振动峰是 KGW 晶体结构基团的振动峰，因此这三个特征峰的出现标志着在晶体生长边界层内开始出现了具有 KGW 晶体单胞结构特征的生长基元。

从以上的实验来看，随着高温显微拉曼光谱的采集点由熔体侧向生长界面移动时，游离的 [WO_4] 四面体的数量逐渐减少，具有 KGW 晶体单胞结构特征的 [WO_6] 八面体、WOOW 双桥氧键和 WOW 桥氧键等拉曼特征峰开始出现，并且逐渐增强，表明 KGW 晶体的生长基元在边界层内生成，其数量在逐渐增多或体积在逐渐增大。

测量点 a 位于 KGW 晶体上，因此该点的高温显微拉曼光谱是高温晶体的拉曼光谱，在该光谱中已经没有游离 [WO_4] 四面体的特征峰，同时该光谱在 202cm^{-1} 处还有一个比较强的振动峰，根据文献报道 [58,59]，该峰可指认为 Gd^{3+} 的平移振动模式，属于外振动模式。在 b、c 两点高温显微拉曼光谱中，该峰位处也出现了比较平缓的振动峰，这个峰的出现表明较弱的 Gd—O 键的形成，也表明生长基元结构已经具有 KGW 晶体单胞结构特征。

实验中观测显示 KGW 晶体自助溶生长时同样存在晶体生长边界层，其在测量点 b 和 d 之间，其厚度为 50~70 μm。

3.4.2 LiB$_3$O$_5$ 晶体自助溶生长边界层的高温激光显微拉曼光谱研究[60,61]

1. LBO 晶体结构及拉曼光谱特征峰的指认

LiB$_3$O$_5$(简称 LBO) 晶体属正交晶系，空间群为 $Pna2_1$，晶胞参数为 $a = 0.8447$nm，$b=0.7379$nm，$c=0.5139$nm，$Z=4$[62,63]。晶体结构中存在着 [B_3O_7]$^{5-}$ 硼氧阴离子基团，Li$^+$ 分布在基团骨架间隙中，这些 [B_3O_7]$^{5-}$ 基团相互链接，沿 C 轴方向形成螺旋结构，每个螺旋结构又通过硼氧桥键相互链接，形成晶体网络结构框架。由于 LBO 晶体的 [B_3O_7]$_n$ 连续网状结构之间的间隙较小，比 Li$^+$ 大的阳离子很难进入间隙中，所以生长的 LBO 晶体中杂质较少，能够获得优异的光学质量、极高的激光损伤阈值和良好的紫外光透过能力 [62]。

从图 3.33 所示的 LBO 晶胞在 (001) 面上的投影可以看出，LBO 晶体中的 [B_3O_7]$^{5-}$ 基元是由一个 [BO_4] 四面体和两个 BO$_3$ 平面三角形组成的硼氧六元环，并具有四个环外桥氧原子，每个环外氧原子都共用两个 [B_3O_7]$^{5-}$ 硼氧六元环，并位于其中间，构成三维骨架。在每个 [B_3O_7]$^{5-}$ 基元中，有两个硼原子属于平面三配

位的 BO_3 三角形结构, 一个硼原子属于四配位的 $[BO_4]$ 四面体结构。由于 LBO 晶体中 B 原子的配位数不同, 所以 B—O 键的键长和键角便发生了变化。例如, BO_3 基元中 O—B—O 键角应该等于 $120°$, 但在 LBO 晶体中, 较大的键角为 $124.9°$, 最小的键角为 $112.9°$, 角度差高达 $12°$[63]。

分析晶体结构发现: ① LBO 晶体结构中所有氧原子均为桥氧键原子 (用Ø表示); ② $[BØ_4]$ 四面体是三维框架结构中的链接点, 连接 $B_3Ø_7$ 形成长链, 链与链之间再相互链接形成三维框架结构; ③ $B_3Ø_7$ 齿形链中相邻环两面夹角约为 $81°$, 与其键链的碱金属阳离子类型无关; ④ 每 4 条 $B_3Ø_7$ 链沿延伸方向围成一个立体管状结构, 碱金属阳离子处于其中 (图 3.33(b))。

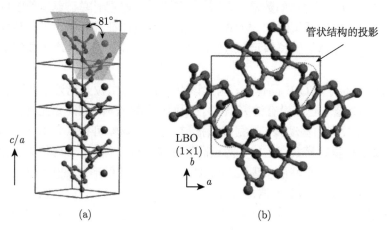

图 3.33 LBO 晶体中 $B_3Ø_7$ 齿形链 (a), 以及晶格在 $B_3Ø_7$ 链延伸方向上的投影图 (b)

本实验的拉曼光谱是采用 Jobin Y'von 公司 U1000 型高分辨拉曼光谱仪采集的, 其中激光光源的波长为 514.5nm, 脉冲频率为 10kHz, 脉冲功率为 30kW, 平均输出功率为 0.6W。测量光路采用背散射式, 激光由共焦显微镜聚焦到测量样品的表面或内部, 共焦收集系统能够有效地屏蔽环境杂散光的干扰, 保证焦点处拉曼信号能够通过采集系统被探测器捕获。

为指认晶体振动峰与内部结构基元振动模式的关系, 理论计算了 LBO 晶体的拉曼光谱, 得到对称性分类及其对应的振动模式。拉曼光谱理论计算采用 CASTEP 软件包 [61] 对建立的 LBO 晶体布拉维单胞模型进行计算, LBO 晶体布拉维单胞模型是在交换关联能分别是局域密度近似 (LDA) 和广义梯度近似 (GGA) 的条件下进行了优化; 采用密度泛函微扰理论计算晶格布里渊区内 Γ 点处的声子频率。分别采用 LDA 和 GGA 两种交换关联能计算获得了 LBO 晶体拉曼光谱, 所得计算峰频率值采用高斯线型展开, 高斯峰宽度设为 8 cm^{-1}, 计算与实验结果如图 3.34 所示。

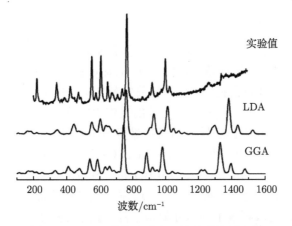

图 3.34 LBO 晶体实验和理论计算拉曼光谱

以两种交换关联能为基础理论计算拉曼光谱主要的特征拉曼峰与实验谱都可以较好地符合，尤其是采用 LDA 交换关联能计算获得的 LBO 晶体拉曼光谱的大部分峰位和相对强度都与实验谱能够一一对应，这说明了密度泛函微扰理论所得计算结果是可靠的，可以作为验证实验结果的指认判据。根据计算所得 LBO 晶体内部不同原子的受力分析，可知各个拉曼峰对应晶体内部结构基元的振动模式，以及简正模式表示，我们将两次计算的分析结果列于表 3.5 中。

表 3.5 LBO 晶体主要拉曼峰的振动模式指认，及实验与计算值对比

晶体	实验值/cm^{-1}	计算值 (LDA)/cm^{-1}	计算值 (GGA)/cm^{-1}	简正振动模近似描述
	551	552	538	BO$_4$ ν_s(A$_1$)
	607	603	585	B$_3$O$_6$ δ_{ring}(A$_1'$)
LBO	762	760	743	B$_3$O$_6$ ν_{ring}(A$_1'$)
	917	928	887	BO$_4$ ν_{as}(F$_2$)
	1002	1011	979	B$_3$O$_6$ ν_{ring}(E)
	1358	1381	1329	B$_3$O$_6$ $\nu_{B—O}$(E)

注：ν 表示伸缩振动；δ 表示弯曲振动。

最强峰均位于 760 cm^{-1} 处的 LBO 晶体拉曼振动峰频率计算结果，与实验结果的 762cm^{-1} 接近，原子受力分析表明，该峰是晶体内部 B$_3$Ø$_7$ 六元环的呼吸振动峰。这一结论与 Xiong 等[65] 在实验上证明 762cm^{-1} 处拉曼峰归属于晶体 A 对称振动模相符合。LBO 晶体计算振动峰 543cm^{-1}，与实验光谱 551cm^{-1} 相对应，为 B$_3$Ø$_7$ 六元环内 [BØ$_4$] 四面体的对称伸缩振动峰。明确上述两个拉曼振动峰对应的振动形式对于后续研究晶体的生长，以及生长基元结构的变化具有十分重要的意义。

2. Li$_2$O-B$_2$O$_3$ 二元体系相图

自 1909 年最早研究 Li$_2$O-B$_2$O$_3$ 二元体系相图至今,人们对于 Li$_2$O-B$_2$O$_3$ 二元体系相图的研究已有一百多年的历史。其中 Sastry 等 [66] 在 1958 年发表的 Li$_2$O-B$_2$O$_3$ 二元体系相图最为完整,它也是目前制备 Li$_2$O-B$_2$O$_3$ 体系化合物最常用的参考相图,如图 3.35 所示。在 Sastry 等的工作中共给出了 8 种化合物,在这些 Li$_2$O-B$_2$O$_3$ 体系化合物中已经发现的两种重要功能材料是:压电晶体 Li$_2$B$_4$O$_7$[67] 和非线性晶体 LiB$_3$O$_5$(LBO)[68-70]。其中 Li$_2$B$_4$O$_7$ 晶体为同成分熔融的化合物,可采用 CZ 法生长大尺寸的晶体 [71];而 LBO 是一种包晶化合物,(834±4)℃温度非同成分熔融,因此采用化学计量比的 Li$_2$O-B$_2$O$_3$ 组分是不能生长出 LBO 晶体的,需要按照相图包晶的液相线上的组分配制原料,才能生长出 LBO 晶体。

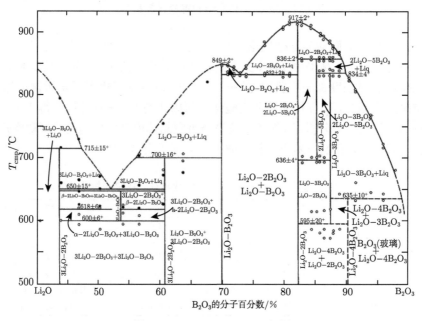

图 3.35 Li$_2$O-B$_2$O$_3$ 二元相图

3. B$_2$O$_3$ 自助溶剂晶体生长边界层的研究

为了研究 LBO 晶体自助溶生长时,其微观结构的演化过程,采用了微型晶体生长炉,进行 LBO 晶体的自助溶生长。根据 LBO 包晶的相图配制了 B$_2$O$_3$ 过量的原料 (仍是 LBO 包晶的液相线上的组分) 并把其熔化再凝固,以便熔化后能成为生长 LBO 晶体的溶液。在实验时微型晶体生长炉内的坩埚中一端放置 LBO 晶体作为籽晶,紧靠籽晶在另一端放置原料的凝固切片。这样当凝固切片和籽晶的一小部分被熔化后,就形成了 LBO 晶体的 B$_2$O$_3$ 自助溶生长体系。

当 LBO 生长体系达到动态平衡时，我们分别测量了生长界面附近 a、b、c、d、e、f 点的高温显微拉曼光谱，如图 3.36 和图 3.37 所示。

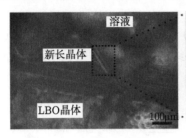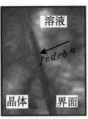

图 3.36　LBO 边界层与拉曼测量点位置

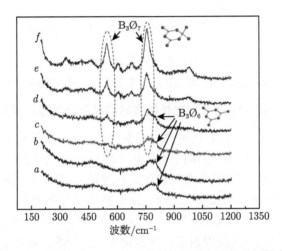

图 3.37　自助溶法 LBO 晶体生长边界层高温显微拉曼光谱

(1) 图 3.37 中最下面一条谱线为高温溶液的拉曼光谱，a 点的拉曼光谱与高温溶液的拉曼光谱相似，表明 a 点位于高温溶液中。它的主要结构基元为硼氧六元环 $[B_3\text{Ø}_6]$。

(2) 当测量点向晶体一侧移动时，拉曼散射峰的峰值向低波数移动，$[B_3\text{Ø}_7]$ 基元位于 $759\mathrm{cm}^{-1}$ 和 $544\mathrm{cm}^{-1}$ 两处的特征峰逐渐增强，表明在边界层内 $[B_3\text{Ø}_7]$ 基元的数量增多。而 $[B_3\text{Ø}_6]$ 六元环的 $791\mathrm{cm}^{-1}$ 特征振动峰在逐渐减弱。表明：$[B_3\text{Ø}_6]$ 基元已逐渐转化为 $[B_3\text{Ø}_7]$ 基团。

(3) 在边界层内的 $[B_3\text{Ø}_6]$ 结构基元逐步演变成具有 LBO 晶体单胞结构特征的 $[B_3\text{Ø}_7]$ 基元。自助溶 LBO 晶体生长边界层内高温溶液的拉曼特征峰强逐渐减弱，而具有晶体单胞结构的拉曼特征峰强逐渐增强，表明晶体生长边界层是高温溶液结构基元向晶体结构基元过渡的区域。

(4) $B_3\emptyset_7$ 基元中含有一个 $[B\emptyset_4]$ 四面体，该结构被认为是硼氧网络框架结构中的 "链接件"，在形成晶体结构框架的过程中起关键性的作用，LBO 晶体的某些生长习性与该结构有关。

通过以上分析可以看出：LBO 晶体自助溶生长时存在生长边界层。在 LBO 晶体自助溶生长时，高温溶液微观结构基元向晶体生长基元演化的过程如图 3.38 所示。

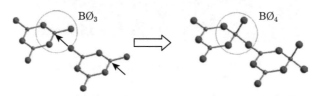

图 3.38　LBO 晶体生长过程中微结构的演变

高温溶液中的主要结构基元为硼氧六元环 $B_3\emptyset_6$，在边界层内，$B_3\emptyset_6$ 六元环相互链接构成 $B\emptyset_4$ 演变成了链状 $B_3\emptyset_7$，这是 LBO 晶体的基本结构基团。

3.4.3　LBO 晶体 MoO_3 助溶剂生长机理的高温激光显微拉曼光谱研究[61,72,73]

LBO 晶体虽然可以采用自助溶的方式生长，但是生长的晶体质量很难得到保证，因此又探索了非晶体成分的助溶剂生长 LBO 晶体。目前生长 LBO 晶体通常是以 MoO_3 为助溶剂，并被认为是可以生长高质量 LBO 晶体的助溶剂。

同 LBO 自助溶晶体生长实验一样，由于晶体成分和高温溶液成分不完全相同，因此研究 LBO 晶体 MoO_3 助溶生长过程中微观结构的演化实验，也需要制备 MoO_3 作为助溶剂的 LBO 高温溶液的冷凝切片，才能够在微型晶体生长炉中实现 LBO 的 MoO_3 助溶剂生长。为了更好地分析 LBO 晶体 MoO_3 助溶剂生长时微观结构的演化机理，获得生长体系中各部分的结构信息是关键，下面将分别介绍相关的结构信息。

含有 MoO_3 助溶剂的高温溶液是高质量 LBO 晶体生长体系的一个组成部分，研究其结构基元的构成及这些结构基元在 LBO 晶体生长时微观结构的演变，有利于认识助溶剂的作用机理。我们将从以下几个方面对高温溶液的结构基元的构成和演变进行分析。

(1) 高温溶液的诸多宏观属性，例如，黏稠度、热容、热导、溶液挥发性等都和高温溶液的结构基元有关，溶液的这些性质会对晶体生长过程和晶体质量产生影响，因此研究高温溶液结构基元的构成和演变，是认识优良助溶机理的关键之一。

(2) 晶体生长基元是由高温溶液的结构基元演变而来的，结构基元向生长基元演变的过程是分析晶体生长微观动力学过程的重要基础。

(3) 不同助溶剂的助溶效果并不完全相同，这主要是由于它们对生长组分的作用不同的结果, 研究高温溶液的结构基元的构成和特点, 有利于理解助溶剂的作用机理, 并指导助溶剂的选择和优化。因此研究 MoO_3 助溶剂 LBO 晶体生长的高温溶液的结构基元的构成, 是研究 LBO 晶体生长过程中微观结构演变的基础。

为了制备 MoO_3 助溶剂生长 LBO 晶体的高温溶液的冷凝片, 在 Li_2O-B_2O_3-MoO_3 相图的 LBO 相区域内 (图 3.39(a)), 选取多组分制备实验冷凝体。发现随着冷凝体中 MoO_3 含量的升高, 冷凝体的颜色逐渐变为棕色 (图 3.39(b)), 这是冷凝体内 $[MoO_6]$ 八面体数量增多的结果[74]。当 MoO_3 的含量高于 40wt% 后, 冷凝体中就会有 MoO_3 晶体析出, 表明此时 MoO_3 的含量已不适宜作为助溶剂生长 LBO 晶体, 因此, 尽管生长 LBO 的高温溶液中的 LB 组分是在 LBO 的三元相图区域内配制的, 也要剔除 MoO_3 会析出晶体的样品。实验中制备的样品的组分及其相应高温溶液中 LBO 的析晶温度点列于表 3.6 中。

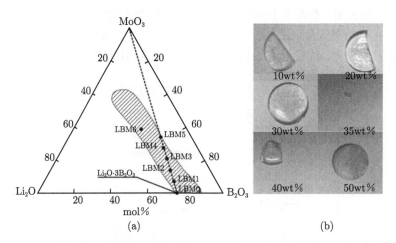

图 3.39 Li_2O-B_2O_3-MoO_3 相图以及测试样品的变化 (a); MoO_3 含量不同的玻璃体照片 (b)

表 3.6 测试样品组分和相应高温溶液的析晶点

样品编号	摩尔比例 [a] $n(Li_2O):n(B_2O_3):n(MoO_3)$	T_c /°C[b]
LBM0	1 : 3 : 0	834[c]
LBM1	1 : 3 : 0.1	780
LBM2	1 : 3 : 0.2	750
LBM3	1 : 3 : 0.4	722
LBM4	1 : 3 : 0.6	700
LBM5	1 : 3 : 0.8	660
LBM6	2 : 3 : 3	730

注: a. LBM0~5 中 MoO_3 的比例折合质量分数为 0%,0.05%,10%,20%,30%,40%; b. 高温溶液中 LBO 晶体析晶点温度 (除 LBM0); c. LBM0 高温溶液在该温度下, 生长 $Li_2B_4O_7$ 晶体。

测量了 LBM1～6 样品的高温拉曼光谱，并拟合分析了测量数据，结果如图 3.40 所示。LBM6 是一个特殊的样品，它的高温溶液中含有更多的 Li_2O(请参考图 3.28 或是表 3.6)，以便对照分析高温溶液中各组分对拉曼光谱的影响。在 LBM1～5 的样品中，$[MoO_6]$ 八面体数量有随着 MoO_3 含量增高而增高的趋势，但在 LBM6 样品中 MoO_3 的含量虽然是最高的，却没有 $[MoO_6]$ 八面体数量随 MoO_3 含量增高而增高的现象。相反 Li_2O 含量的增加，使得高温溶液中 $[MoO_4]$ 四面体的数量增加。这一现象，将会为我们分析 LBO 晶体 MoO_3 助溶剂生长的高温溶液结构基元的演变提供重要参考。

LBM1～6 样品的高温拉曼光谱是采用前述的拉曼光谱仪测量的，测量范围为 100～1100 cm^{-1}。相对于晶体拉曼光谱，高温溶液的拉曼峰相对较宽，相邻近的拉曼峰会重叠在一起，造成了拉曼峰指认的困难。在本工作中，采用高斯型函数拟合高温溶液拉曼光谱，获得各个拉曼峰的数据。在拟合中固定每个拉曼峰的频率，重点拟合拉曼峰的强度量，通过各个拉曼峰强度的变化定性地反映出高温溶液中不同结构基元的变化，结果如图 3.40 所示 (黑色谱线为实验值)。

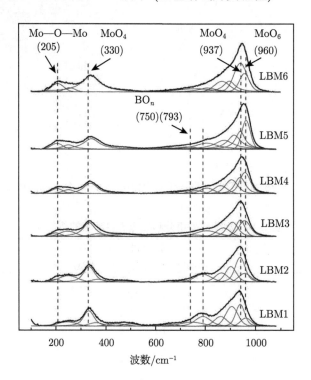

图 3.40　LBM1～6 高温溶液的拉曼光谱

从测量的拉曼光谱中可以观察到，样品的拉曼峰显示为两个部分：700～

800 cm^{-1} 和 850~950 cm^{-1}、200~400 cm^{-1}。前者对应于硼氧结构基元的拉曼峰,783 cm^{-1} 处的拉曼峰为含有一个 [BØ$_4$] 四面体的六元环呼吸振动峰,如 B$_3$Ø$_7$ 六元环 [75-79]。在 783 cm^{-1} 峰的高波数方向,另一个强度相对较弱的拉曼峰 808 cm^{-1} 被认为是由三个 BØ$_3$ 三角形组成的 B$_3$Ø$_6$ 六元环的呼吸振动峰,该六元环中不含有 [BØ$_4$] 四面体。后者为钼氧结构基元的拉曼峰,它们分别对应于 [MoO$_4$] 四面体和 [MoO$_6$] 八面体的振动。当 MoO$_3$ 的含量较低时,光谱中两个主要的振动峰位于 955 cm^{-1} 和 861 cm^{-1} 附近,这两个峰与低波数区域 337 cm^{-1} 一起被认为是 [MoO$_4$] 四面体的振动峰。其中 955 cm^{-1} 和 861 cm^{-1} 为 [MoO$_4$] 四面体的对称和反对称伸缩振动,337 cm^{-1} 为四面体中 Mo—O 键的弯曲振动。另外在 973 cm^{-1} 处有一个非常弱的拉曼峰,该峰被认为是 [MoO$_6$] 八面体中 Mo=O 双键的对称伸缩振动。而拉曼峰的强度值说明,在 MoO$_3$ 含量低的高温熔体中,Mo 离子主要以 [MoO$_4$] 四面体的形式存在。随着 MoO$_3$ 含量的逐渐增高,973 cm^{-1} 峰的强度随之变大,另外 210 cm^{-1} 处出现 Mo—O—Mo 键的弯曲振动峰并且强度逐渐增强。由于 [MoO$_4$] 四面体中 Mo—O 键的键价较大,存在游离的 [MoO$_4$] 四面体。当钼离子从四配位变为六配位时,Mo—O 键的键价降低使得 [MoO$_6$] 八面体之间可以形成 Mo—O—Mo 键相互连接,因此拉曼光谱中 Mo—O—Mo 键弯曲振动峰 210 cm^{-1} 的出现并增强也说明了,随着 MoO$_3$ 含量的增加,熔体中钼离子因由四配位向六配位转变,形成了可以相互连接的 [MoO$_6$] 八面体。

在高温溶液的拉曼光谱中,还发现硼氧结构基元的 783 cm^{-1} 和 808 cm^{-1} 两个拉曼峰,峰位并未因 MoO$_3$ 的增加而改变,但相对强度会随 MoO$_3$ 含量的增加发生变化。783 cm^{-1} 峰的强度相对于 808 cm^{-1} 逐渐减弱,而 808 cm^{-1} 峰的相对强度变大。这一现象反映出,在高温溶液中,随着 MoO$_3$ 的增加,含有 [BØ$_4$] 四面体的六元环的数量减少,而不含 [BØ$_4$] 四面体的六元环数量增加。因为硼氧结构基元中基本的结构为 BØ$_3$ 三角形和 [BØ$_4$] 四面体,它们构成不同类型的六元环结构,高温溶液中不同六元环数量的变化实质上为 [BØ$_4$] 四面体向 BØ$_3$ 三角形的转变 [80-86]。

从以上含有 MoO$_3$ 不同比例的 Li$_2$O-B$_2$O$_3$-MoO$_3$ 高温溶液的微结构分析可以看出,在高温溶液中硼氧结构基元主要是以不同类型的硼氧六元环结构存在,而钼氧结构基元主要是钼氧四面体和钼氧八面体。随着样品中 MoO$_3$ 含量的增加,高温溶液中钼氧四面体的数量逐渐减少,相反钼氧八面体数量增加。而作为 LBO 晶体组分的硼氧结构基元,随着 MoO$_3$ 含量的增加由四配位的硼原子向三配位的硼原子的转化数量增加。

3.4.4 Li$_2$O-B$_2$O$_3$-MoO$_3$ 冷凝体的固体核磁共振光谱

自然界中的硼元素具有 ^{10}B 和 ^{11}B 两种同位素,它们的丰度分别为 19.78% 和

80.22%。其中 ^{11}B 具有不为零的核磁矩，利用这一性质我们借助磁共振方法可以获得 B 原子的结构和含量情况 [87-90]。在本书中，为检验拉曼光谱对冷凝体结构分析的结果，我们特别利用固体魔角核磁共振谱 (MAS-NMR) 分析了 ^{11}B 原子冷凝体中的配位结构，定量获得不同配位条件下 B 原子的百分含量。MAS-NMR 结果如图 3.41 所示，线性拟合结果列于表 3.7。

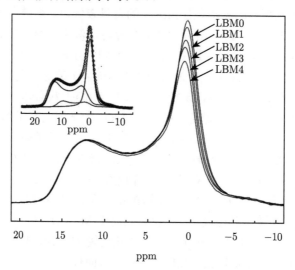

图 3.41　LBM0~4 冷凝体样品的^{11}B MAS-NMR，其中插图为 LBM0 的线性拟合结果

表 3.7　三配位和四配位的^{11}B 原子 MAS-NMR 参数值

样品	BO$_3$ 位置 [a]				BO$_3'$ 位置 [b]				BO$_4$ 位置		
	δ/ppm	CQ/MHz	η	N_3/%	δ/ppm	CQ/MHz	η	N_3'/%	δ/ppm	χ	N_4/%
LBM0	14.06	2.34	0.03	10.41	17.08	2.57	0.14	50.26	0.40	2.88	39.33
LBM1	14.04	2.34	0.03	11.53	18.08	2.57	0.14	51.70	0.43	2.66	36.77
LBM2	13.91	2.34	0.03	11.06	18.01	2.57	0.14	54.26	0.49	2.56	34.69
LBM3	13.92	2.34	0.03	10.90	18.01	2.57	0.14	55.81	0.59	2.56	33.29
LBM4	14.11	2.34	0.03	11.15	18.14	2.57	0.14	58.20	0.60	2.06	30.64

注：a. 硼氧网络框架中的 BØ$_3$ 三角形；b. 在 BØ$_3$ 六元环中的 BØ$_3$ 三角形。

拟合结果表明，四配位的 B 元素共振峰的强度随冷凝体中 MoO$_3$ 含量的增加逐渐减弱。MAS-NMR 测量得到四配位的 B 元素占据冷凝体中 B 原子的总量比例，与冷凝体中随 MoO$_3$ 含量的增加获得的拉曼光谱分析的结果是一致的 (请对比图 3.40 和图 3.42)。这也验证了我们对于 Li$_2$O-B$_2$O$_3$-MoO$_3$ 冷凝体结构的推测，即随着冷凝体中 MoO$_3$ 比例的增高，会发生四配位的 B 原子向三配位的 B 原子结构转变的现象。

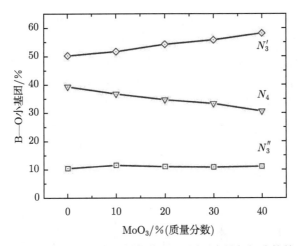

图 3.42 冷凝体样品中配位条件下 B 原子含量与组分的关系

1. MoO₃ 助溶剂 LBO 晶体生长边界层的拉曼光谱

采用高温激光显微拉曼光谱技术,原位测量了 LBO 晶体 MoO₃ 助溶剂生长过程的显微拉曼光谱,实验过程如 3.4.1 节所述。籽晶尺寸为 5mm× 5mm×2mm,用样品 LBMX 的冷凝切片作为高温溶液的原料。实验生长 LBO 晶体时,生长出的晶体具有由多个显露晶面构成的规则的几何外形,选择新长出的 LBO 晶体的最大生长面为界面,测量晶体和其附近区域的高温显微拉曼光谱,测量点位置如图 3.43 所示,测量结果如图 3.44 所示。

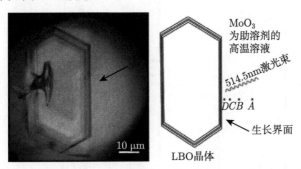

图 3.43 MoO₃ 高温溶液中自发结晶的 LBO 晶体以及拉曼光谱数据采集位置

A 点离生长界面较远,其拉曼光谱与高温溶液的拉曼光谱相同,显示其结构为高温溶液结构,光谱的最强峰位于 940 cm^{-1} 附近,是钼氧结构基元 (包含于 [MoO₄] 四面体和 [MoO₆] 八面体) 的特征振动峰。随着测量点向生长界面接近,拉曼光谱中开始出现了 754 cm^{-1} 附近硼氧链的特征振动峰和 546 cm^{-1} 附近 [BØ₄] 四面体的特征振动峰,这是具有 LBO 晶体单胞结构特征的振动峰,这些振动峰的强度是

由测量点 B 向 D 逐渐增强的。如图 3.44(a), (b) 所示，图 (b) 是图 (a) 的局部放大及放大后的包络解析。钼氧基元的 $334\,\mathrm{cm}^{-1}$ 和 $940\,\mathrm{cm}^{-1}$ 特征峰振动则逐渐减弱，在 D 点钼氧基元的特征峰接近消失，因此 D 点的拉曼光谱主要呈现的是 LBO 晶体单胞结构的特征。因此本实验中生长界面和测量点 B 之间的区域是 LBO 晶体生长时，高温溶液结构向晶体单胞结构演化的过渡区域，即晶体生长边界层。

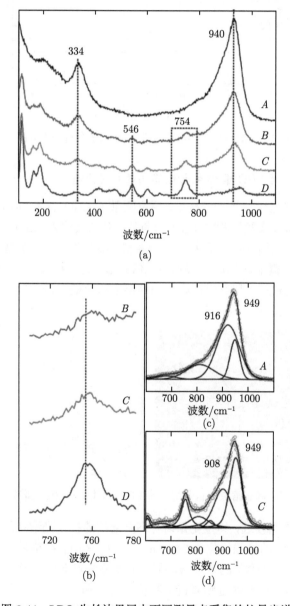

图 3.44　LBO 生长边界层内不同测量点采集的拉曼光谱

2. 生长边界层内基元结构的演化

图 3.44 中当测量点从 B 点移动到 D 点时，波数为 754 cm^{-1} 峰的特征峰有逐渐增强的变化，并有一定红移，它反映出边界层内硼氧基元结构发生的变化。可以通过理论计算来分析产生这种变化的原因，为此构建了两种硼氧结构基元模型，采用 Gaussian 03 量子化学软件包和 Hartree-Fock (HF) 逼近的理论计算方法，取 HF/6-31G(d) 方法优化后的结构，见图 3.45，计算两种模型的硼氧基元的拉曼光谱。

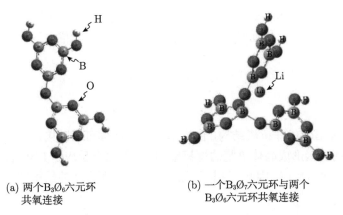

(a) 两个B$_3$Ø$_6$六元环
共氧连接

(b) 一个B$_3$Ø$_7$六元环与两个
B$_3$Ø$_6$六元环共氧连接

图 3.45　两种硼氧六元环组成的分子模型 (HF/6-31G(d) 方法优化后的结构)

在此基础上，计算拉曼振动频率，所得计算值乘以频率修正因子 0.8982[64]。除去 H 原子振动峰后的计算拉曼光谱如图 3.46 所示。可以看出计算出的基元结构具

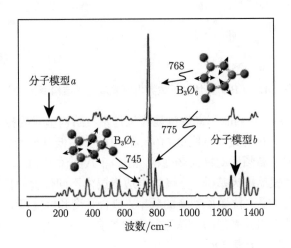

图 3.46　硼氧结构模型的计算拉曼光谱

有和晶体内部相似的螺旋结构。分子模型 a 最强的拉曼峰位于 768cm^{-1}, 分子模型 b 最强的拉曼峰位于 775cm^{-1}, 这两个最强峰与高温熔体实验光谱 754cm^{-1} 附近的拉曼峰接近, 它们同属于结构模型中 $B_3\emptyset_6$ 六元环的呼吸振动。在分子模型 b 的光谱中, $B_3\emptyset_7$ 六元环的呼吸振动峰位于 745cm^{-1} 附近。该频率较 $B_3\emptyset_6$ 的呼吸振动峰低约 30cm^{-1} 波数, 峰强较弱, 这表明在模型 b 中六元环内 $[B\emptyset_4]$ 四面体的形成使得六元环的呼吸振动峰向低波数移动, 强度减弱。

根据分子模型 b 计算的拉曼光谱中有 $B_3\emptyset_6$ 六元环的呼吸振动峰和 $B_3\emptyset_7$ 六元环的呼吸振动峰, 与测量的边界层内存在这两个拉曼峰相似, 可以认为以 MoO_3 为助溶剂的 LBO 晶体生长边界层内, 754 cm^{-1} 振动峰的红移是由于边界层内有 $[B\emptyset_4]$ 四面体形成, 是硼原子在边界层内发生了由三配位向四配位的转变引起的, 即

$$B\emptyset_3 + NBO \longrightarrow B\emptyset_4 \tag{3.1}$$

$$B_3\emptyset_6 + NBO \longrightarrow B_3\emptyset_7 \tag{3.2}$$

其中, NBO 为 BO 的非桥氧结构, 由于 $[B\emptyset_4]$ 四面体可以链接六元环成为长链或是链与链之间链接形成晶体单胞的框架结构, 所以这个反应是 LBO 晶体生长过程中微观结构演化的反应。因此, 硼氧基元在边界层内所发生的结构演化过程可示意为图 3.47。

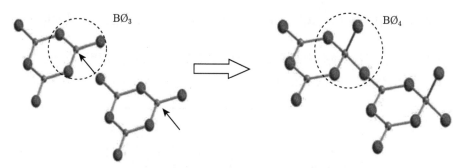

图 3.47　LBO 晶体生长边界内硼氧基元的结构演化过程

在图 3.44(a) 中 940 cm^{-1} 宽带拉曼峰包是钼氧结构基元的拉曼振动峰, 它包含两种钼氧结构基元的振动, 见图 3.44(c) 和 (d), 其中低频振动峰为 $[MoO_4]$ 四面体的对称伸缩振动, 高频振动峰为畸变的 $[MoO_6]$ 八面体中 Mo=O 双键的伸缩振动。以这两个拉曼振动峰为基础, 分峰拟合边界层内不同位置的拉曼光谱。拟合采用 Voigt 峰型函数, 固定拉曼振动峰的频率, 拟合强度和峰宽度。对于每个拉曼光谱, 采用微调拉曼峰的频率值的方法进行多次拟合, 并取 R^2 因子最接近 1 的结果 (图 3.48), 拟合结果列于表 3.8。

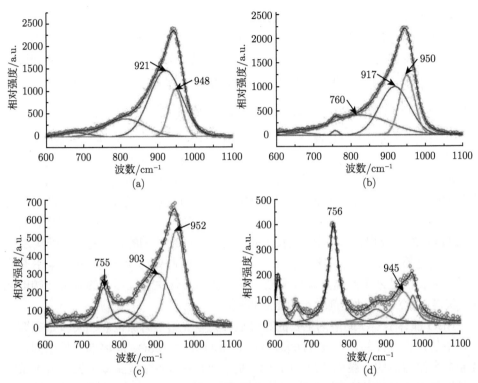

图 3.48 MoO₃ 助溶剂 LBO 晶体生长边界层内不同测量点的拉曼光谱分峰拟合结果
(后附彩图)

表 3.8 晶体生长边界层内光谱峰型参数拟合值

	Mo═O 双键			[MoO₄] 四面体			B—O 六元环			R^2
	峰值 /cm⁻¹	IINᵃ /a.u.	FWHMᵇ /cm⁻¹	峰值 /cm⁻¹	IIN /a.u.	FWHM /cm⁻¹	峰值 /cm⁻¹	IIN /a.u.	FWHM /cm⁻¹	
(a)	948	12	43	921	42	102	—	—	—	0.998
(b)	950	23	48	916	37	144	760	1	22	0.998
(c)	952	25	55	903	21	81	755	9	36	0.992
(d)	944	13	65	—	—	—	756	20	31	0.980

注：a. IIN 为积分强度；b. FWHM 为拉曼峰半高宽。

通过以上分析，可以看出在 LBO 晶体生长过程中，随着测量点向晶体侧靠近，显示未相互链接的硼氧结构的小基元在逐渐减少，由 BO 基元键链形成的具有晶体单胞结构特征的特征拉曼峰逐渐增强，高温溶液中的 BO 基元在边界层内逐渐向晶体结构过渡。

从 LBO 晶体 MoO₃ 助溶剂生长边界层的拉曼光谱显示，940cm⁻¹ 宽带拉曼峰是 MoO 基团的包络峰，当测量点接近界面时，钼氧基团振动峰减弱，在邻近晶体界面的 D 点，该峰已接近消失，表明以 BO 结构小基元相互链接成为具有 LBO 晶体单胞结构特征的生长基元，在 MoO 基团完成助溶后，已由边界层内扩散到边界层外，使具有 LBO 晶体单胞结构的生长基元能正常地叠合到生长界面上。

3.4.5   Na$_2$O 助溶剂β-BaB$_2$O$_4$ 晶体生长边界层研究[91]

β-BaB$_2$O$_4$(简称 BBO) 晶体是中国科学家发明的优良的非线性光学晶体，已在激光的变频技术中得到了广泛的应用，生长高质量的大尺寸的 BBO 晶体是科学技术发展的需要。BBO 晶体是同成分熔融的晶体，可以用熔体法生长，但晶体生长实践发现，用熔体法生长该晶体，晶体的质量很难满足应用的需要。目前高质量的 BBO 晶体主要是采用助溶剂法生长，采用这种方法生长，其晶体质量和助溶剂品种、助溶剂的含量相关，本书的生长实验采用 Na$_2$O 助溶剂的含量是在生长实践中已作了优化的，也是目前生长大尺寸、高质量 BBO 晶体的助溶剂的配比。本书的生长实验目的是采用高温显微拉曼光谱技术观测晶体生长过程中的微观结构的演化，获得 BBO 晶体助溶剂生长的微观机制。

BBO 晶体 Na$_2$O 助溶剂生长的高温显微拉曼光谱实时原位观测实验是在微型晶体生长炉上进行的，实验方法和过程与 LBO 晶体 MoO$_3$ 助溶剂生长相同，需要制备高温溶液的冷凝体切片。图 3.49 是 BBO 晶体在微型晶体生长炉内生长时生长边界层的照片以及高温显微拉曼光谱采集点 a、b、c、d、e 的高温显微拉曼光谱。e 点的拉曼光谱显示，位于 950~1250 cm^{-1} 的拉曼峰是 [BO$_2$ØBOØB=O]$^{3-}$ (硼氧链) 的特征峰，该点位于高温溶液中，因此可以认为高温溶液的主要结构基元为硼氧链。a 点位于 BBO 晶体上，其拉曼光谱为晶体的高温拉曼光谱，其中 637 cm^{-1} 和 486 cm^{-1} 等拉曼峰为 B$_3$O$_6$ 环的特征拉曼峰，该光谱显示 BBO 晶体单胞结构的主要基元是 B$_3$O$_6$ 环。

当测量点由 e 点向 a 点移动时，d、c、b 的拉曼光谱显示 [BO$_2$ØBOØB=O]$^{3-}$ (硼氧链) 的特征峰逐渐减弱，而具有 BBO 晶体单胞结构特征的 B$_3$O$_6$ 环的特征峰 637 cm^{-1} 和 486 cm^{-1} 逐渐增强，这种变化表明 [BO$_2$ØBOØB=O]$^{3-}$ (硼氧链) 逐渐转化成了 B$_3$O$_6$ 环，因此可以认为 e 至生长界面之间的区域就是 BBO 晶体的高温溶液结构向晶体结构过渡的区域，即晶体生长边界层。

将 BBO 晶体熔化后，测得其主要结构基元为 B$_3$O$_6$ 环。生长原料中加入 Na$_2$O 助溶剂后，在形成的生长 BBO 晶体的高温溶液中，硼氧基元不再是 B$_3$O$_6$ 环而是 [BO$_2$ØBOØB=O]$^{3-}$ (链状硼氧基团)，这个结果说明 Na$_2$O 助溶剂打断 B$_3$O$_6$ 环状结构中的 B—O 键，而形成 [BO$_2$ØBOØB=O]$^{3-}$ (链状硼氧基团)。在晶体生长时，链状硼氧基团又在边界层内逐渐链接成为 B$_3$O$_6$ 环状结构，形成具有 BBO 晶体单胞结构特征的生长基元。以 Na$_2$O 作为助溶剂的 BBO 晶体在生长过程中的微观结构的演化表明，同成分熔融的晶体助溶剂在生长时，同样存在晶体生长边界层。

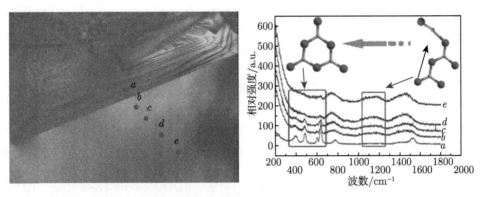

图 3.49　Na_2O 助溶剂 BBO 晶体生长边界层及相应的高温显微拉曼光谱

参 考 文 献

[1] Yu X, Liu Y, Yu X, et al. Some new optical measurement techniques for the study of crystal growth and electrode processes. Optics and Lasers in Engineering, 1996, 25: 191-204.

[2] 于锡铃, 孙毅, 候文博, 等. 新型非线性光学晶体台阶动力学与生长机理: ATMB. 人工晶体学报, 1998, 27(3): 195-200.

[3] 于锡铃, 孙毅. 亚稳态 DKDP 晶体生长动力学的全息研究. 人工晶体学报, 1995, 24(4): 265-271.

[4] Delhaye M, Dhamelincourt P. Raman microprobe and microscope with laser excitation. Journal of Raman Spectroscopy, 1975, 3(1): 33-43.

[5] Rosasco G J. Advances in Infrared and Raman Spectroscopy. London: Heyden, 1980: 7.

[6] Dieing T, Hollricher O, Toporski J. Confocal Raman Microscopy. Berlin: Springer-Verlag, 2010.

[7] 曾谨言. 量子力学导论. 北京: 北京大学出版社, 2009.

[8] 仇怀利, 王爱华, 刘晓静, 等. 实时测量熔体法生长晶体固/液边界层结构的高温热台. 人工晶体学报, 2002, 31(6): 555-558.

[9] 仇怀利, 王爱华, 尤静林, 等. BSO 晶体生长固/液边界层结构的实时观测研究. 光谱学与光谱分析, 2005, 25: 529-531.

[10] Capelletti R, Beneventi P, Kovacs L, et al. Multimode transitions of the tetrahedral MO_4 units in sillenite single crystals. Physical Review B, 2002, 66: 174-207.

[11] 张霞, 万松明, 张庆礼, 等. $Bi_4Ge_3O_{12}$ 晶体及其熔体结构的高温拉曼光谱研究. 物理学报,

2007, 56(2): 1152-1155.

[12] Zhang X, Yin S T, Wan S M, et al. Raman spectrum analysis on the solid-liquid boundary layer of BGO crystal growth. Chinese Physics Letters, 2007, 24(7): 1898-1900.

[13] 张霞, 万松明, 殷绍唐, 等. BGO 晶体生长固液边界层结构的微区研究. 人工晶体学报, 2007, 36: 1245-1248.

[14] 张霞. $Bi_4Ge_3O_{12}$ 等氧化物晶体熔体法生长的边界层结构研究. 中国科学院合肥物质科学研究院博士学位论文, 2007.

[15] 廖晶莹, 叶崇志, 杨培志, 等. 锗酸铋闪烁晶体的研究综述. 化学研究, 2004, 15(4): 52-58.

[16] Beneventi P, Bersani D, Lottici P P, et al. A Raman study of $Bi_4(Ge_xSi_{1-x})_3O_{12}$ crystal. Solid State Communication, 1995, 93(2): 143-146.

[17] Mihailova B, Toncheva D, Gospodinov M, et al. Raman spectroscopic study of Mn-doped $Bi_3Ge_4O_{12}$. Solid State Communications, 1999, 112: 11-15.

[18] Katz L, Megaw H D. Structure of potassium niobate at room temperature-solution of a pseudosymmetric structure by Fourier methods. Acta Crystallographica, 1967, 22: 639-648.

[19] 张克从, 王希敏. 非线性光学晶体材料科学. 2 版. 北京: 科学出版社, 2004.

[20] Kurtz S K, Perry T T. A powder technique for evaluation of nonlinear optical materials. Journal of Applied Physics, 1968, 39(8): 3798.

[21] Fukuda T, Uematsu Y, Ito T. Kyropoulos growth and perfection of $KNbO_3$ single-crystal. Journal of Crystal Growth, 1974, 24(10): 450-453.

[22] 王文山, 邹群, 耿兆华. 射频加热提拉法铌酸钾晶体生长的研究. 硅酸盐学报, 1982, (4): 72-78.

[23] Hewat A W. Cubic-tetragonal-orthorhombic-rhombohedral ferroelectric transitions in perovskite potassium niobate - neutron powder profile refinement of structures. Journal of Physics C:Solid State Physics, 1973, 6(16): 2559-2572.

[24] Pruzan P, Gourdain D, Chervin J C. Vibrational dynamics and phase diagram of $KNbO_3$ up to 30 GPa and from 20 to similar to 500K. Phase Transitions, 2007, 80(10-12): 1103-1130.

[25] Inorganic Crystal Structure Database (ICSD) No: 22065, 23239, 23323, 23563, 28152, 28564, 28578, 28584, 28588, 38314, 39624, 9645, 22064, 9532-9535, 14363, 39869, 16380, 200854.

[26] Darlingt C N W, Megaw H D. Low-temperature phase-transition of sodium niobate and structure of low-temperature phase. Acta Crystallographica Section B:Structural Science, 1973, 29: 2171-2185.

[27] Voron'ko Y K, Kudryavtsev A A, Osiko V V, et al. Raman spectroscopy of $Li_2O-Nb_2O_5$ melts. Bulletin of the Lebedev Physics Institute, 1987, 2: 41-45.

[28] Andonov P, Chieux P, Kimura S. A Local order study of molten LiNbO₃ by neutron-diffraction. Journal of Physics-Condensed Matter, 1993, 5(28): 4865-4876.

[29] Andonov P, Chieux P, Kimura S. Local order in the LiNbO₃ melt:Comparison with the crystalline phases. Physica Scripta, 1995, T57: 36-44.

[30] 周文平, 万松明, 殷绍唐, 等. KTN 晶体及其熔体结构的高温拉曼光谱研究. 物理学报, 2009, 58(1): 570-574.

[31] 周文平, 万松明, 张庆礼, 等. KTa₁₋ₓNbₓO₃ 晶体生长固/液边界层结构的微区研究. 物理学报, 2010, 59: 5085-5090.

[32] Wan S M, Teng B, Zhang X, et al. Investigation of a BiB₃O₆ crystal growth mechanism by high-temperature Raman spectroscopy. CrystEngComm, 2010, 12: 211-215.

[33] Sun Y L, Wan S M, Lv X S, et al. New insights into the BiB₃O₆ melt structure. CrystEngComm, 2013, 15: 995-1000.

[34] Frohlich R, Bohaty L, Liebertz J. The crystal-structure of bismuth borate, BiB₃O₆. Acta Crystallographica Section C:Crystal Structure Communications, 1984, 40(Mar): 343, 344.

[35] Hellwig H, Liebertz J, Bohaty L. Linear optical properties of the monoclinic bismuth borate BiB₃O₆. Journal of Applied Physics, 2000, 88(1): 240-244.

[36] Ghotbi M, Ebrahim-Zadeh M. Optical second harmonic generation properties of BiB₃O₆. Optics Express, 2004, 12(24): 6002-6019.

[37] Ghotbi M, Sun Z, Majchrowski A, et al. Efficient third harmonic generation of micro-joule picosecond pulses at 355 nm in BiB₃O₆. Applied Physics Letters, 2006, 89(17): 173124.

[38] Ghotbi M, Ebrahim-Zadeh M, Majchrowski A, et al. High-average-power femtosecond pulse generation in the blue using BiB₃O₆. Optics Letters, 2004, 29(21): 2530-2532.

[39] 陈捷, 阮玉忠. 大尺寸双折射晶体高温相偏硼酸钡晶体生长研究: 长春理工大学学报, 2005, 28: 93-95.

[40] 傅佩珍, 迟成林, 王俊新, 等. 高温相 BaB₂O₄ 晶体生长. 人工晶体学报, 1997, 26(3): 322-324.

[41] 易守涛, 王升, 乐秀宏. 高温相偏硼酸钡单晶的下降法生长. 无机材料学报, 2002, 17: 1048-1050.

[42] 周国清, 徐军, 陈杏达, 等. 紫外 α-BaB₂O₄ 晶体的生长和双折射性能研究. 人工晶体学报, 2000, 29(3): 68-70.

[43] 刘军芳. 高低温偏硼酸钡晶体的相变和生长. 人工晶体学报, 2003, 32: 339-345.

[44] Mighell A D, Perlaff A, Block S. The crystal structure of the high temperature form of barium borate, BaO-B₂O₃. Acta Cryst, 1966, 20: 819-824.

[45] Nikogosyan D N. Beta barium borate. Applied Physics A: Materials Science and Processing, 1991, 6: 359-368.

[46] Lu J Q, Lan G X, Li B, et al. Raman scattering study of the single crystal β-BaB$_2$O$_4$ under high pressure. Journal of Physics and Chemistry of Solids, 1988, 49(5):519-527.

[47] Ney P, Fontana M D, Maillard A, et al. Assignment of the Raman lines in single crystal barium metaborate (β-BaB$_2$O$_4$). J. Phys: Condens. Matter., 1998, 10: 673-681.

[48] Zhang D, Wang D, Zhang J, et al. *Insitu* investigation of the microstructure of KGd(WO$_4$)$_2$ crystal growth boundary layer by confocal laser Raman microscopy. Cryst EngComm, 2012, 14: 8722-8726.

[49] Kmainskii A A. 激光晶体. 陈长康, 林仲达, 译. 北京: 科学出版社, 1972.

[50] Pujol M C, Rico M, Zaldo C, et al. Crystalline structure and optical spectroscopy of Er^{3+}-doped KGd(WO$_4$)$_2$ single crystals. Appl. Phys. B., 1999, 68: 187-197.

[51] Pujol M C, Sole R, Massons J, et al. Structural study of mono-clinic KGd(WO$_4$)$_2$ and effects of lanthanide substitution. J. Appl. Cryst., 2001, 34: 1-6.

[52] 朱忠丽, 林海, 钱艳楠, 等. 泡生法生长 Ho^{3+},Yb^{3+} 双掺 KGd(WO$_4$)$_2$ 晶体及其光谱性能. 中国激光, 2007, 34: 1436-1440.

[53] 刘景和, 李建利, 洪元佳, 等. Nd:KGd(WO$_4$)$_2$ 激光晶体生长. 硅酸盐学报, 2001, 29: 254-258.

[54] Kasprowicz D, Majchrowski A, Michalski E. Micro-Raman investigation of KGd(WO$_4$)$_2$ single crystals triply-doped with Pr^{3+}/ Tm^{3+}/Yb^{3+}, Ho^{3+}/Tm^{3+}/Yb^{3+} and Er^{3+}/ Tm^{3+}/Yb^{3+} ions. J. Alloys Compd., 2011, 509(2): 6354-6358.

[55] Kasprowicz D, Runka T, Majchrowski A, et al. Low-temperature vibrational properties of KGd(WO$_4$)$_2$: (Er, Yb) single crystals studied by Raman spectroscopy. J. Phys. Chem. Solids, 2009, 70: 1242-1247.

[56] Basiev T T, Sobol A A, Voronko Y K, et al. Spontaneous Raman spectroscopy of tungstate and molybdate crystals for Raman lasers. Opt. Mater., 2000, 15: 205-216.

[57] Weinstock N, Schulze H, Muller A. The vibrational spectra of VO$_4^{3-}$, CrO$_4^{2-}$, MoO$_4^{2-}$, WO$_4^{2-}$, MnO$_4^{2-}$, TcO$_4^{2-}$, ReO$_4^{2-}$, RuO$_4^{2-}$ and OsO$_4^{2-}$.J. Chem. Phys., 1973, 59: 5063-5067.

[58] Pujol M C, Cascales C, Aguilo M, et al. Crystal growth, crystal field evaluation and spectroscopy for thulium in monoclinic KGd(WO$_4$)$_2$ and KLu(WO$_4$)$_2$ laser crystals. J. Phys. Condens. Matter, 2008, 20: 345219.

[59] Silvestre O, Pujol M C, Guell F, et al. Crystal growth and spectroscopic analysis of codoped (Ho,Tm):KGd(WO$_4$)$_2$. Appl. Phys. B, 2007, 87: 111-117.

[60] Wang D, Wan S M, Yin S T, et al. High temperature Raman spectroscopy study on microstructures of the boundary layer around a growing LiB$_3$O$_5$ crystal. CrystEngComm, 2011, 13: 5239-5242.

[61] 王迪. 助熔剂法 LiB$_3$O$_5$ 晶体生长边界层研究. 中国科学院大学博士学位论文, 2011.

[62] 吴以成, 江爱栋, 卢绍芳, 等. LiO·3B$_2$O$_3$ 单晶生长和晶体结构. 人工晶体学报, 1990, 19: 33-38.

[63] 赵书清, 张红武, 黄朝恩, 等. 非线性光学新晶体三硼酸锂的生长、结构及性能. 人工晶体学报, 1989, 18(1): 9-13.

[64] Irikura K K, Johnson R D, Kacker R N. Uncertainties in scaling factors for ab initio vibrational frequencies. The Journal of Physical Chemistry A, 2005, 109(37): 8430-8437.

[65] Xiong G S, Lan G X, Wang H F, et al. Infracted reflectance and Raman spectra of lithium triborate single crystal. Journal of Rama Spectroscopy,1993, 24(1): 785-789.

[66] Sastry B S R, Hummel F A. Studies in lithium oxide system: $Li_2OB_2O_3$-B_2O_3. Journal of the American Ceramic Society, 1958, 41(1): 7-17.

[67] Schiosaki T, Adachi M, Kobayashi H, et al. Elastic piezoelectric, acousto-optic and electro-optic properties of $Li_2B_4O_7$. Japanese Journal of Applied Physics, 1985, 24: 25.

[68] Chen C T. New Nonlinear Optical Crystal LiB_3O_5. Journal of the Optical Society of America, 1989, B6: 616.

[69] 陈创天, 刘丽娟. 深紫外非线性光学晶体及其应用. 硅酸盐学报, 2007, 35: 1.

[70] Nikogosyan D N. Lithium triborate (LBO): A review of its properties and applications. Applied Physics A, 1994, A58: 181.

[71] 周亚栋, 刘国庆, 何先莉, 等. $Li_2B_4O_7$ 单晶生长的研究. 硅酸盐学报, 1992, 22: 192.

[72] 胡少勤, 汪红兵. $Li_2B_4O_7$ 单晶生长. 人工晶体学报, 1990, 19: 288.

[73] Wang D, Zhang J, Zhang D M, et al. Structural investigation of Li_2O-B_2O_3-MoO_3 glasses and high-temperature solutions: toward understanding the mechanism of flux-induced growth of lithium triborate crystal. CrystEngComm, 2013, 15: 356-364.

[74] 王迪. MoO_3 助熔剂 LiB_3O_5 晶体生长边界层的分子动力学研究. 博士后出站报告.

[75] Padma Rao M V N, Srinivasa Rao L, Srinivasa Reddy M, et al. Magnetic and spectroscopic studies on molybdenum ions in CaF_2-PbO-P_2O_5 Glasses System. Croatica Chemica Acta, 2009, 82: 747.

[76] Konijnendijk W L, Stevels J M. The structure of borate glasses studied by Raman scattering. Journal of Non-crystal Solids, 1975, 18: 307.

[77] Meera B N, Ramakrishna J. Raman spectral studies of borate glasses. Journal of Non-crystal Solids, 1993, 159: 1.

[78] Kamitsos E I, Chryssikos G D. Borate glasses structure by Raman and infrared spectroscopies. Journal of Molecular Structure, 1991, 24: 1.

[79] Dwivedi B P, Khanna B N. Cation dependence of Raman scattering in alkali borate glasses. Journal of Physics and Chemistry of Solids, 1995, 56: 39.

[80] Majérus O, Cormier L, Calas G, et al. Temperature induced boron coordination change in alkali borate glasses and melts. Physical Review B, 2003, 67: 024210.

[81] Osipov A A, Osipova L M. Structure of glasses and melts in the Na_2O-B_2O_3 system from high-temperature Raman spectroscopic data: I . Influence of temperature on the local structure of glasses and melts. Glass Physics and Chemistry, 2009, 35: 121.

[82] Osipov A A, Osipova L M. Structure of glasses and elts in the Na_2O-B_2O_3 system from high-temperature Raman spectroscopic data: II. Superstructural units in melts. Glass Physics and Chemistry, 2009, 35: 132.

[83] Yano T, Kunimine N, Shibata S. Structural investigation of sodium borate glasses and melts by Raman spectroscopy. I. Quantitative evaluation of structural units. Journal of Physics and Chemistry of Solids, 2003, 321: 137.

[84] Yano T, Kunimine N, Shibata S. Structural investigation of sodium borate glasses and melts by Raman spectroscopy. II. Conversion between BO_4 and BO_2O^- units at high temperature. Journal of Physics and Chemistry of Solids, 2003, 321: 147.

[85] Yano T, Kunimine N, Shibata S. Structural investigation of sodium borate glasses and melts by Raman spectroscopy. III. Relation between the rearrangement of super-structures and the properties of glass. Journal of Physics and Chemistry of Solids, 2003, 321(3): 147-156.

[86] Farges F, Sievert R, Brown G E, et al. Structural environments around molybdenum in silicate glasses and melts. I. Influence of composition and oxygen fugacity on the local structure of molybdenum. The Canadian Mineralogist, 2006, 44(3): 731.

[87] Züchner L, Chan J C C, Müller-Warmuth W, et al. Short-range order and site connectivities in sodium aluminoborate glasses: I. quantification of local environments by high-resolution 11B, 23Na, and 27Al solid-state NMR. The Journal of Physical Chemistry B, 1998, 102: 4495.

[88] Martens R, Müller-Warmuth W. Structural groups and their mixing in borosilicate glasses of various compositions – an NMR study. Journal of Non-Crystalline Solids, 2000, 265: 167.

[89] van W L, Müller-Warmuth W, Papageorgiou D, et al. Characterization and structural developments of gel-derived borosilicate glasses: a multinuclear MAS-NMR study. Journal of Non-Crystalline Solids, 1994, 171(7): 53-67.

[90] Kroeker S, Stebbins J F. Three-coordinated boron-11 chemical shifts in borates. Inorganic Chemistry, 2001, 40(24): 6239-6246.

[91] Liu S S, Zhang G C, Wan S M, et al. Journal of Applied Crystallography, 2014, 47: 739-744.

第4章 同步辐射技术在晶体生长微观机制研究中的应用

采用高温显微激光拉曼光谱技术原位实时观测熔融法晶体生长过程时，发现了熔融法晶体生长时存在熔体 (高温溶液) 结构向晶体结构演化的过渡层，即晶体生长边界层。第 3 章已介绍了多种类型的晶体在熔融法生长过程中都存在晶体生长边界层，这是晶体生长领域基础研究的重大发现。高温显微拉曼光谱研究显示，晶体的生长基元在边界层内的拉曼特征峰，已有该晶体单胞结构的特征，且峰强存在由弱到强的变化，表明生长基元距离生长界面越近，生长基元的数量越多或者体积越大，这些结果显示了在晶体生长过程中生长基元存在逐渐成长的渐变过程，使我们对晶体生长的微观机制有了比较深入的理解。但是高温显微拉曼光谱显示的是生长基元中的化学键的振动模式，可体现生长基元内各种组分原子之间的相互连接的关系，从而可推导和判断生长基元的结构特征，因此该技术所得到的结构特征是间接的，不能像 X 射线衍射 (XRD) 技术那样直接给出生长基元的结构。而普通的 X 射线衍射存在很多的局限，如强度低、准直性差等弱点，很难应用到实时原位微区观测晶体生长过程。而现代出现的同步辐射 X 射线观测技术具有对晶体生长过程进行实时原位观测的强大能力，我们借助这一强有力的原位实时微区观测技术，解决了高温显微拉曼光谱不能完全解决的生长基元的结构问题和生长基元的取向性及有序度问题，使我们对生长基元在边界层内微观结构的演化有了更深入的认识。本章将介绍同步辐射 X 射线的产生和特点，以及应用同步辐射 X 射线对晶体生长边界层原位实时观测研究的一些成果，也介绍了如何应用同步辐射 X 射线研究晶体生长过程中结构演化的方法。

4.1 同步辐射 X 射线技术特点

同步辐射是速度接近光速的带电粒子在磁场中沿弧形轨道运动时释放出的电磁辐射，由于它最初是在同步加速器上观察到的，便又被称为 "同步辐射" 或 "同步加速器辐射"。同步辐射是一种从远红外到 X 射线范围内的连续光谱光源，它也是一种具有高强度、高准直性、高度极化等特性并可精确控制的性能优异的脉冲光源，是有史以来出现的最优秀最强大的光源，可以用以开展其他光源无法实现的许多前沿科学技术研究。在几乎所有的高能电子加速器上，都有 "寄生运行" 的同步辐射光束线站及各种应用同步辐射光的实验装置。目前，同步辐射光源已经发展到了第三代，为各类科学研究和应用技术提供了更加强大的观测手段。

中国的上海光源属于第三代同步辐射光源，是国际上最先进的同步辐射光源之一，也是中国迄今为止规模最大的科学装置之一。作为国家级大科学装置和多学科的实验平台，上海光源由全能量注入器 (包括 150MeV 电子直线加速器、周长 180m 的全能量增强器和注入/引出系统)、电子储存环 (周长 432m，能量 3.5GeV)、光束线站和实验站组成[1]。

以上海光源参数为例，概括同步辐射 X 射线有以下特点。

(1) 亮度极高，同步辐射 X 射线主要光谱覆盖区的光亮度是普通 X 射线亮度的上亿倍，因此可以进行普通 X 射线难以达到的高空间分辨、高时间分辨测量。

(2) 同步辐射波长范围极宽。包含从红外光、可见光直到 X 射线等波长的连续强光，并且可以根据应用需要来选择不同波长的单色光。这种极宽的波长范围，是任何其他光源所没有的。本章的实验采用同步辐射的 X 射线波段作为观测光源。

(3) 强度和各种性能参量都能保持高度的稳定，而且可以进行操控和精确计算，这是普通 X 射线光源难以具备的。

(4) 它是一种在超高真空加速器内由电子加速改变运动方向而产生的超纯光，而其他光源一般是由原子中的电子能级变化而产生的发光，因此采用同步辐射光源进行观测实验，不必担心由波长不纯所带来的干扰。此外，同步辐射光在光脉冲的持续时间、偏振态等方面还有许多独特的优点。

另外，同步辐射硬 X 射线微束可以作为微探针，分析样品微小区域的结构，或微小样品的元素组分分布以及原子周围的化学环境等。与电子探针、质子探针、离子探针等相比较，具有灵敏度、空间分辨率更高的特点。同时具有对样品无损伤、可分析厚样品、可在大气和水环境条件下进行测量等优点，使同步辐射硬 X 射线微束成为微区分析中不可替代的技术，广泛应用于材料、生物、地质和环境等很多领域，目前已是很多学科领域的主流微区分析技术。

常用的同步辐射微束 X 射线研究方法包括：微束 X 射线衍射 (μ-XRD)、微束 X 射线吸收精细结构 (μ-XAFS)、微束 X 射线荧光分析 (μ-XRF) 和微束 X 射线小角/广角散射 (μ-SAXS/WAXS) 等。应用这些研究方法可以得到样品的结构 (如晶体结构、织构、应变等)、化学成分的空间分布；可探测物体表面和内部的结构和成分分布，可进行元素分布、结构分布的断层成像。高亮度第三代同步辐射光源的出现，使同步辐射硬 X 射线微束技术的应用得到了快速发展，因此同步辐射硬 X 射线微束成为研究物质结构和元素分布最有力的非破坏性工具。

4.2 同步辐射 X 射线在晶体生长微观机理研究中的应用

在第 3 章中已经介绍了熔融法晶体生长过程中都存在晶体生长边界层,在边界层中生长基元已经具有了晶体单胞的结构特征,但其结构特征还需要通过其他的手段加以证实,同步辐射 X 表面射线衍射技术就是这种手段之一。

4.2.1 同步辐射 X 表面射线衍射原位测量技术

同步辐射 X 表面射线衍射 (synchrotron X-ray surface diffraction, SXRD) 技术是一种对表面和表层结构敏感的实验技术,它以 X 射线微束掠入射到样品表面,使样品表面及表面以下浅层发生衍射,通过衍射光谱的分析获得这些部位的结构信息。其最大优点在于随着掠入射角度的增大,X 射线的穿透深度也在逐步增大,就可采集到表面以下不同深度的结构信息。与 CT 相似,可以实现物质表面以下一定厚度范围内结构的断层扫描。Kaminski 等[2] 曾用 SXRD 技术原位观测了 KH_2PO_4 晶体表面饱和水溶液薄膜的微观结构,发现贴近晶体表面的溶液薄膜呈有序的层状分布。Arsic,Radenović 和 Huisman 等也用该技术观测了 $CaHPO_4$、NaCl 等晶体表面上的溶液薄膜,金刚石表面的液态 Ga 薄膜,发现这些晶体表面上的薄膜都呈现出有序的层状分布,金刚石表面的液态 Ga 薄膜中的原子呈现出与金刚石相似的结构分布[3-5]。受到这些研究的启发,我们认为同步辐射 SXRD 技术完全可以应用于晶体生长边界层微观结构的研究,并设计了相关的实验。

4.2.2 用于同步辐射 SXRD 技术原位观测的微型晶体生长炉

为了进行同步辐射 SXRD 技术原位实时观测晶体表面熔化膜结构的实验,需要在晶体表面形成一层厚薄均匀的熔化膜,使微束的 X 射线以不同的角度掠入射到熔化膜上,产生衍射,获得不同掠入射角的衍射光谱。根据上述要求,研制了可应用于同步辐射 SXRD 技术的微型晶体生长炉 (实用新型专利已授权)[6],在微型晶体生长炉工作时,炉中的晶体表面熔化形成的薄膜和晶体构成了一个生长体系,通过对加热器的精密温度控制,可以实现晶体表面熔化膜厚度的缓慢变化,实现晶体生长或熔化。当温度稳定时,生长和熔化就处于动态平衡状态,原位实时观测实验就是在这种状态下进行的。

图 4.1 为 SXRD 技术原位测量晶体生长边界层微观结构的微型炉及测量示意图。通过上方的铂电阻发热丝加热晶体样品的上表面,使其熔化形成一层薄膜,控制加热功率,保持晶体和表面熔化膜的稳定状态,构成动态平衡的生长体系。此时,在熔化膜和晶体样品构成的晶体生长系统中,通过调整同步辐射 X 射线掠入射的角度,就可以原位测量从熔化膜表面直到晶体不同深度处的 X 射线衍射谱,从而获得不同部位 (深度) 的结构信息。

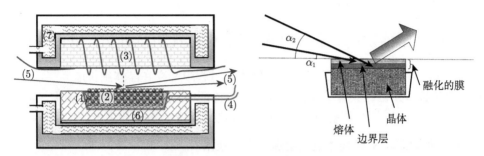

图 4.1　SXRD 技术原位测量晶体生长边界层微观结构的微型炉及测量示意图

实验用的微型晶体生长炉呈方形，炉体由双层薄钢板焊接而成，两层钢板之间是循环冷却水通道 (如图中 (7))；炉内部置有铂金坩埚 (如图中 (1))，坩埚为扁平的长方形，尺寸约 12mm×6mm×2mm，片状的晶体 (如图中 (2)) 放在坩埚内；晶体表面的上方装有发热体 (如图中 (3))，它是在刚玉上缠绕铂金丝构成的，在坩埚附近还装有热电偶 (如图中 (4))，热电偶和发热体都与温控仪相连接，用于控制炉内温度和加热功率；在晶体样品水平位置处的炉体上开有两个方形孔，是 X 射线的入射和衍射光的出射通道 (如图中 (5))。

4.3　CsB_3O_5 晶体表面熔化膜结构的 SXRD 技术的原位研究

研究表面熔化膜在晶体生长时微观结构的演变，需要晶体和熔化膜是一致熔融的生长系统，因此实验样品必须选择同成分熔融的晶体，非同成分熔融的晶体由于晶体熔化后形成的熔体已不是生长该晶体的溶液，因此非同成分熔融的晶体不适宜作表面熔化膜的晶体生长边界层结构研究。在本实验中，选择的 CsB_3O_5(简称 CBO) 晶体是同成分熔融的晶体，熔点相对较低，是适宜用 SXRD 技术研究晶体生长过程中微观结构演化的晶体。

4.3.1　CBO 晶体简介[7]

CBO 晶体是一种重要的紫外非线性光学材料，具有非线性光学系数大、紫外波段透光性好、激光损伤阈值高等优异性能，在紫外全固态激光系统的频率转换方面有着光明的应用前景。CBO 晶体是吴以成教授等研究发明并成功从熔体中生长出透明单晶的非线性光学晶体，CBO 晶体的生长和应用成为备受关注的研究内容。

CBO 属于正交晶系，空间群为 $P2_12_12_1$，晶胞参数为 $a=6.213, b=8.521, c=9.170$，$Z=4$，密度为 3.357g/cm^3，熔点为 835℃[8,9]。其基本结构单元为 $(B_3O_7)^{5-}$ 六元环，其中一个 B 原子与 O 原子形成四配位，另外两个 B 原子与 O 原子形成三配位。由于 $[BO_4]$ 的非平面结构，因此形成了 CBO 的三维空间网状结构，其中 $(B_3O_7)^{5-}$

基团相互链接所形成的螺旋链是沿 a 轴方向延伸的，如图 4.2 所示。

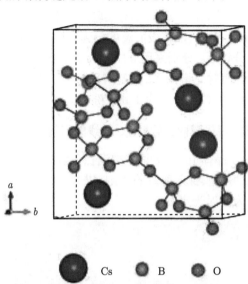

Cs   B   O

图 4.2   CBO 晶体单胞中链状 (B$_3$O$_7$) 和 Cs$^+$ 的分布 (后附彩图)

从图 4.2 还可以看出，CBO 晶体结构中网络状的 (B$_3$O$_7$)$^{5-}$ 基团和 Cs$^+$ 沿 (011) 方向呈周期性地分布，这种正负电荷的周期性分布会使 (011) 面具备一定的电极性。

4.3.2   CBO 晶体表面熔化膜同步辐射 X 射线掠入射实验

CBO 晶体的 SXRD 测试是在上海光源 X 射线衍射光束线站 (BL14B1) 进行的。实验所用的 CBO 晶体样品的上表面的取向是晶体的 (011) 面，样品的尺寸约为 10mm×5mm×2mm，晶体的上表面 10mm×5mm 是 (011) 面，并做了抛光处理。把晶体样品放入微型晶体生长炉内的坩埚中，使其精抛光的 (011) 面朝上。把装有实验样品的倾角可以调节的微型晶体生长炉安装在光源的线站上，使面朝上的 (011) 面处于水平位置。实验开始时，先打开 X 射线光源，调节微型晶体生长炉的位置使 X 射线以接近 0° 掠入射到晶体上表面，样品位置调试完毕，然后关闭光源。实验随后开启微型炉加热系统加热样品，使炉内温度逐步稳定地上升，并分别在室温、300°、620°、825° 时，开通 X 射线光源，微调实验样品的倾角，使同步辐射 X 射线在每一观测温度下，分别以 0.5°，1°，1°，1°，1° 等不同的掠入射角入射到晶体表面，采集到 CBO 晶体变温的同步辐射掠入射衍射光谱。此后再缓慢提高炉内的加热温度，直到晶体表面微熔形成熔化膜。在整个过程中，使用线站上的摄像头对晶体表面的情况进行观察和监测。当炉内的温度和膜层的厚度稳定时，再开通 X 射线光源，微调实验样品的倾角，使 X 射线分别以不同的掠入射角入射到晶体表面熔化膜中，采集膜中不同深度的衍射光谱。

在 CBO 晶体表面熔化膜的 SXRD 实际实验过程中，当测量点温度升至 825℃时，微型炉内 CBO 晶体表面微熔 (晶体表面温度已到达熔点) 并形成一层薄的熔化膜。实验在此温度稳定十分钟后，分别采用 0.5°，1°，2°，3°，4°，5° 等不同的入射角对熔化的薄膜进行掠入射衍射光谱测量。实验所采用的 X 射线波长为 1.5418Å，探测器为 IP 面探测器，使用的校准标样为 LaB_6 粉末。

4.3.3　CBO 晶体表面熔化膜同步辐射 X 射线的衍射光谱

图 4.3 上排为 CBO 晶体 (011) 表面的变温掠入射时的 XRD 花样，掠入射角为 1°。图 4.3 下排为表面熔化膜掠入射时的 XRD 花样，入射角分别为 2°，3°，4°，5°，图中箭头所指的斑点为衍射光斑。

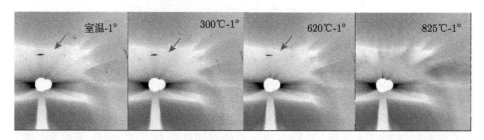

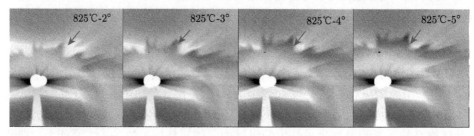

图 4.3　1° 掠入射 CBO 晶体 (011) 表面的变温的衍射花样 (上)，表面熔化膜掠入射角分别为 2°，3°，4°，5° 的衍射花样 (下)

从 CBO 晶体 (011) 面的表面变温衍射花样中可以看到，当入射角为 1° 时，室温的同步辐射 X 射线衍射斑点非常明显，随着温度升高，衍射斑点逐渐变淡，并在 825℃(测量点的温度) 时消失，此时晶体表面已形成一层很薄的熔化膜，因此表面熔化膜的上表面已经是无序的熔体结构。

当系统稳定后，CBO 晶体和其上的熔化膜形成了晶体生长系统，晶体和熔化膜就处于生长和熔化的动态平衡状态。在同步辐射 X 射线入射角分别为 0.5°，1°，2°，3°，4°，5° 时所得到的衍射花样中可以看到，随着入射角的增大，衍射光斑开始出现并逐步增强，如图 4.3 箭头所指。表明有序的结构存在并且有序度在增强。

1. CBO 晶体 (011) 表面掠入射的变温衍射光谱

图 4.4 是 CBO 晶体 (011) 表面在不同温度下的变温衍射光斑对应的解析光谱。图中 ICSD-2801 是无机晶体结构数据库中 CBO 晶体 2801 号的 XRD 结构数据,是图中右上角 XRD 图 (011) 面衍射峰的局部放大。图 4.4 中给出了室温掠入射角为 0.5°、1° 时的衍射光谱以及温度从 300~825℃时,入射角为 1° 时的衍射光谱。从光谱中我们看到了三个峰位不同的衍射峰,其中小圆圈标识的是 CBO 晶体 (011) 面的衍射峰,峰位在 14.18°(室温);星号标识的是 CBO 晶体表面 (011) 面的弛豫峰,峰位为 14.03°(室温),该峰是由晶体表面损伤及滑移等缺陷对晶格面间距的影响造成的;箭头标识的衍射峰为 CBO 晶体的骨架 (亚晶格) 的衍射峰,峰位为 13.85°(室温),该峰在后面的章节中会详细介绍。

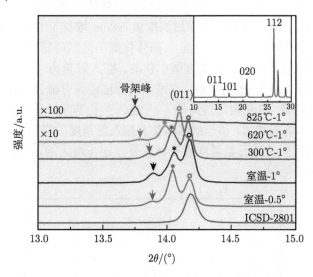

图 4.4　CBO 晶体 (011) 表面在不同温度下的变温衍射光斑对应的解析光谱

在掠入射角为 1℃的变温测试时,温度是从室温增加到 825℃,衍射光谱随温度升高发生了改变。CBO 晶体表面弛豫的衍射峰 14.03° 的强度相对于 (011) 面的衍射峰的强度,在温度升高时而降低。骨架峰峰强随着温度的升高而减弱,但在晶体表面熔化时,(011) 面的衍射峰和表面弛豫的衍射峰均消失,而骨架峰仍然存在。所有的衍射峰位均随着温度的升高而向低角度方向有小角度的移动,这是温度升高时晶体面间距增大的缘故。

2. CBO 晶体 (011) 面表面熔化膜掠入射的衍射光谱

在 (011) 面的 CBO 晶体与在其上表面的熔化膜构成的晶体生长系统达到动态平衡的稳定状态时,以 0.5°、1°、2°、3°、4°、5° 的掠入射角入射,获得了在图

4.3(下) 中与 2°, 3°, 4°, 5° 的掠入射角对应的衍射光斑, 解谱这些衍射光斑, 获得了图 4.5 的衍射光谱。当入射角为 0.5° 时, 没有发现衍射光斑, 也没有解析出的衍射峰, 因此以 0.5° 入射的熔化膜层处于无序状态。当入射角为 1° 时, 虽然在掠入射时的 XRD 花样中没有发现视觉上的衍射光斑的存在, 但在解析该衍射的实验数据时, 获得了峰位位于约 13.72° 峰强很弱的衍射峰。该峰同样存在于在掠入射为 1° 的 CBO 晶体变温同步辐射的 X 射线衍射光谱中, 当晶体表面熔化时, 衍射峰 13.72° 仍然存在, 这是因为 1° 的入射比 0.5° 的入射有更大的穿透深度, 衍射光已穿过熔化膜的无序区域, 在有序区域实现衍射。因此, 当晶体表面被加热到 825℃(测量点不在晶体上表面见图 4.1, 晶体表面实际温度已略高于熔点), 晶体的衍射峰和弛豫峰消失时, 晶体表面熔化膜已经形成。光谱中存在的骨架峰, 实际上是表面熔化膜中的熔体结构基元链接再度形成的新的骨架基团的衍射峰。当掠入射角由 1° 增加到 5° 时, 入射光的穿透深度由 0.8μm 增加至 3.8μm(穿透深度通过 X 射线在熔体中的吸收系数计算得到), 晶体骨架的衍射峰随着穿透深度的增加, 强度逐渐增强, 峰位向高角度方向有微小移动。在入射角为 4° 和 5° 时, 衍射光谱中又出现了位于 14.07° 的衍射峰, 该峰归结为已经具有晶体单胞结构的生长基元 (011) 面的衍射峰, 这是因为游离的 Cs^+ 进入生长基元的骨架结构并与之相互链接, 形成了晶体单胞结构。该衍射峰强随着掠入射角度的增加而增强, 表明形成的具有单胞结构的生长基元数量或者是体积是在逐步增大的, 同时也表明此时的衍射尚不是晶体的衍射。

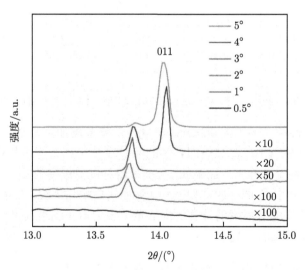

图 4.5　825℃时入射角分别为 0.5° ~ 5° 的 CBO 晶体 (011) 表面熔化膜的 XRD 衍射谱
(后附彩图)

根据本实验中的衍射光谱结果,可以把熔化膜分成三个区域:从熔化膜表面到深度为 0.8μm 处的最外层是一无序的熔体层,该层中的结构基元是 $[B_3O_6]$ 基团和游离的 Cs^+;在 0.8~2.3μm 是一个只有 13.75° 骨架衍射峰的有序区域,从 2.3~3.8μm 是生长基元骨架衍射峰和单胞衍射峰共存的有序区域,这一区域内熔体中的结构基元逐步演化成了具有单胞结构的生长基元,因此 0.8~3.8μm(衍射光的穿透深度只测量到 3.8μm) 就是晶体生长边界层所在的区域。在 2.3~3.8μm 的这一区域,位于 13.75° 的衍射峰和 14.07° 的衍射峰的共存,证明了生长基元的骨架结构是晶体中的固有结构,其和晶体单胞有相同的周期特性,是一般 X 射线衍射很难发现的亚晶格结构。

4.3.4 CBO 晶体 (011) 面表面熔化膜的衍射光谱的分析和结论

高温显微拉曼光谱对 CBO 晶体生长边界层的研究表明,CBO 晶体熔体内的结构基元是链状 B_3O_6 和游离的 Cs^+,在边界层中链状 B_3O_6 相互链接,形成了网状的 B_3O_7 生长基元[10,11]。该生长基元的拉曼特征峰和晶体中 $[B_3O_7]$ 基团的拉曼特征峰峰位相近,但峰强稍弱。该特征峰随着测量点离生长界面距离的减小,峰强存在由弱到强的变化,该变化表明,产生该特征峰的 B_3O_7 生长基元的数量在增加或者体积在增大。同时该拉曼光谱中没有 200 cm^{-1} 波数以下的晶格振动特征峰,因此该拉曼特征峰所对应的结构基团是边界层内具有单胞结构特征的 $[B_3O_7]$ 基团,又称为 CBO 晶体的骨架结构基团。

结合上述 CBO 晶体生长边界层的高温显微拉曼光谱的研究结果,分析 CBO 晶体 (011) 面表面熔化膜的同步辐射 SXRD 光谱,可以得出以下结果。在熔化膜的最外层 (深度大于 0,小于 0.8μm,根据衍射光的穿透深度计算的结果) 是无序层,其结构是 CBO 晶体的熔体结构,结构基元为链状 B_3O_6 和游离的 Cs^+。在熔化膜的深度为 0.8~3.8μm 的 13.75° 的衍射峰应是链状 B_3O_6 相互链接,形成网状的 B_3O_7 晶体骨架基团的衍射峰。在熔化膜深度位于 2.3~3.8μm 的区域,出现了峰位为 14.05° 的衍射峰,该峰应是游离的 Cs^+ 进入网状的 B_3O_7 晶体骨架并相互链接形成具有单胞结构的生长基元的衍射峰。在 CBO 晶体 (011) 面表面熔化膜中形成的晶体生长边界层中,B_3O_7 骨架的衍射峰强是随着穿透深度的增加而逐渐增强的,具有单胞结构的生长基元的衍射峰强也存在同样的变化,表明 B_3O_7 骨架结构基元的数量在逐步增多或者体积在逐步增大。在 2.3~3.8μm 区域,骨架基团的衍射峰和具有单胞结构的生长基元的衍射峰是共存的,表明骨架结构存在于单胞结构内,是和单胞具有相同周期的亚晶格结构。CBO 单晶生长边界层微观结构演化示意图如图 4.6 所示。

在 CBO 晶体生长边界层内,衍射峰的出现表明生长基元在边界层内已经有了一定的取向性和有序度,其取向性与成膜晶体界面的取向一致,这是在界面的静电

场作用下 (详见第 5 章), 在边界层内形成的生长基元 (包括骨架结构基团和具有单胞结构的基团) 取向被调节为与晶体生长界面取向一致的结果, 这样的生长基元叠合到生长界面, 实现晶体生长, 生成的晶体其取向和原界面取向一致。

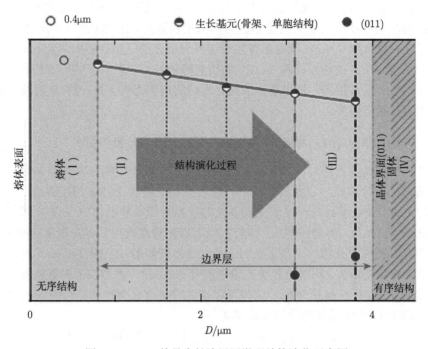

图 4.6　CBO 单晶生长边界层微观结构演化示意图

CBO 晶体表面熔化膜的同步辐射掠入射的实验结果表明, 熔化膜中存在晶体生长边界层, 边界层内的生长基元已经具有一定的有序度和取向性, 其结构和取向与生长界面一致。这个结果证明了生长基元的结构和晶体的单胞结构相同, 也证明了生长基元在边界层内形成时就具有了确定的取向, 为新型的晶体生长边界层模型奠定了实验基础。

4.4　其他同步辐射 X 射线研究晶体生长边界层微观结构的技术

同步辐射 X 射线的强大功能使其能够对晶体生长边界层的微观结构的演化进行多种方法的研究, 本节将向读者介绍几种方法, 由于同步辐射装置是大型的科学实验装置, 使用时需要申请机时, 因此有的方法已经有了实验结果, 有的是准备申请机时进行的实验验证其可行性。

4.4.1 同步辐射 X 射线吸收精细结构谱技术研究晶体生长微观结构演化

1. X 射线吸收精细结构谱技术

X 射线吸收精细结构 (X-ray absorption fine structure, XAFS) 谱技术是随着同步辐射装置的发展而成熟起来的一种用途广泛的实验技术, 是研究物质结构非常重要的方法之一。该技术的主要特点是能够在固态、液态等多种条件下研究原子 (或离子) 的近邻结构和电子结构, 具有其他 X 射线分析技术 (如晶体衍射和散射技术) 无法替代的优势。Okamoto 等[12] 采用 XAFS 谱技术实时观测了 $LaCl_3$ 的高温熔体, 发现熔体主要由七配位的 $(LaCl_7)^{4-}$ 和八配位的 $(LaCl_8)^{5-}$ 组成。XAFS 技术还广泛地用于测量多种熔融态氟化物 (如 TbF_3、CaF_2、PbF_2、BaF_2、SrF_2 等)、液态金属和合金的微观结构[13-15]。根据同步辐射 XAFS 谱技术的原理和相关的研究结果, 该技术同样可以应用于熔融法生长的晶体、熔体的微观结构的原位、实时观测, 甚至可以把该技术推广到熔融法晶体生长边界层微观结构的演化研究中。

2. 同步辐射 XAFS 谱结构分析的原理[1]

同步辐射 XAFS 实验中使用的是具有连续谱的 X 射线, 当 X 射线的能量与样品中某一元素的一个内电子壳层的电子能量发生共振时, 会出现 X 射线的能量突然被吸收, 形成吸收边突变的光谱, 如图 4.7 所示。在吸收边附近, 随着 X 射线能量的继续增加, 当 X 射线的穿透样品深度变大时, 吸收率单调下降。当光谱从吸收边扩展越过一个特定边缘时, 就可观察到光谱的精细结构。这些精细结构是由于内壳层电子电离出的光电子波与邻近原子对这些光电子波的散射形成的散射波中的部分反向散射相互干涉而形成的。随着 X 射线能量的改变, 光电子波的频率会发生变化, 致使邻近原子反向散射的光电子波的频率也发生改变, 因此干涉条件也发生相应改变, 产生了振荡式的精细结构的吸收光谱。所以 XAFS 技术能测量特定元素的价态和邻近的原子分布结构。

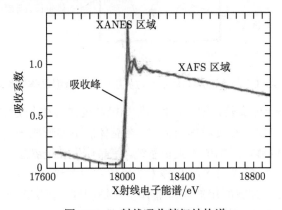

图 4.7 X 射线吸收精细结构谱

XAFS 谱是随着同步辐射装置的发展而成熟起来的用途广泛的实验技术，是研究物质结构的一种非常重要的手段。该技术的主要特点是能够在样品处于固态、液态等多种条件下研究原子 (或离子) 的电子结构和近邻的分布结构，获得的研究结果是其他 X 射线分析技术 (如晶体衍射和散射技术) 无法取代的。

3. 同步辐射 XAFS 谱技术原位测量应用的微型晶体生长炉[16,17]

为了把同步辐射 XAFS 技术应用到晶体生长微观机理的研究上，设计了相应的微型晶体生长炉，如图 4.8 所示。该炉主要由外壳、冷却系统、加热装置和石英坩埚构成，其中冷却系统没有显示在示意图上；坩埚呈漏斗状，漏管是下端封闭的扁平管，管腔厚度约为 0.3mm(根据不同样品测试需要制备成不同厚度)；金属铂丝组成的加热装置在炉内形成上冷下热的温度场。实验时把加工得很薄的实验晶体放入扁平的坩埚内，其长度要超出扁平坩埚一定的高度。加热后使实验晶体的下部熔化，通过精密的温度控制和温场设计，在扁平坩埚中形成从下到上的熔体 — 边界层 — 晶体三个区域。微型晶体生长炉放置在高低位置可以调节的基座上，使微束 X 射线可以穿过扁平坩埚的扁平面，调节微型坩埚的高度，就可以使微束 X 射线分别穿透熔体 — 边界层 — 晶体的不同区域，获得不同区域的 XAFS 谱，通过对吸收谱的解析可以知道特定原子 (或离子) 在边界层不同区域的配位状态，从而得到生长基元在边界层内微观结构变化的信息。该炉晶体已在扁平坩埚中形成从下到上的熔体 — 边界层 — 晶体三个区域。

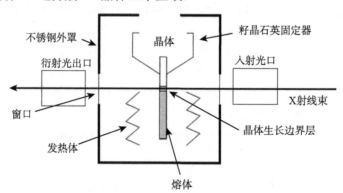

图 4.8　μ-XAFS 技术观测晶体生长边界层结构的微型晶体生长炉示意图

还设计了另外一种实验方案，采用类似导模法的晶体生长方法，利用坩埚的毛细作用，使熔体高出扁平石英坩埚的上口，在晶体的下端形成一定厚度的悬浮的熔体，在晶体和悬浮熔体之间构成了生长系统，使晶体生长边界层直接显露在微束 X 射线的测量范围之内，实现 μ-XAFS 技术的原位实时测量。该方案所用的微型晶体生长炉基本上和第一方案所用的微型晶体生长炉相同，仅需改变使晶体薄片熔化的温场和坩埚腔的厚度，使系统具有导模生长的条件。

4.4.2 NaBi(WO$_4$)$_2$ 晶体的同步辐射 XAFS 谱的研究

NaBi(WO$_4$)$_2$ (简称 NBW) 晶体是一种性能优良的闪烁体晶体,属于白钨矿结构,空间群为 $I4_1/a$,其中 Bi^{3+}、Na$^+$ 随机地占据 C$_2$ 对称位置,NBW 晶体中 W 的配位数为 4,W 与 O 之间通过共价键形成的 [WO$_4$] 四面体,占据 S$_4$ 对称位置[18]。NBW 晶体属于同成分熔融晶体,熔点为 936℃,主要的生长方法是提拉法,也有少数采用 Bridgman 方法的报道[19-21]。

1) NBW 晶体及熔体微观结构的拉曼光谱研究

为了给 XAFS 技术对 NBW 的研究分析提供参考和依据,我们对 NBW 晶体及熔体微观结构作了拉曼光谱研究。图 4.9(a) 为测量的变温 NBW 晶体及熔体的拉曼光谱。还应用第一性原理软件 CASTEP 计算了晶体的拉曼光谱,见图 4.9(b),计算的拉曼峰位和常温时测量的拉曼光谱峰位基本吻合。通过计算并参考文献的报道,指认了常温下 NBW 晶体的拉曼光谱峰位的归属[18,22-24]。位于 912 cm^{-1},768cm^{-1} 和 334cm^{-1} 处的拉曼峰分别归属于 [WO$_4$] 四面体的对称伸缩振动、反对称伸缩振动和对称弯曲振动,是 [WO$_4$] 四面体的特征峰。

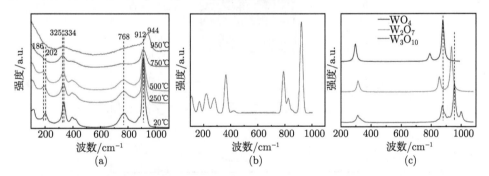

图 4.9　NBW 晶体及熔体的实验拉曼光谱 (a);采用 CASTEP 计算的晶体的拉曼光谱 (b);采用 Gaussian 计算的钨氧基团几种模型的拉曼光谱 (c) (后附彩图)

在 NBW 的变温拉曼光谱中,随着温度由室温逐渐升高到 750℃,部分拉曼峰出现红移和宽化现象,这是由于基团结构的键长变长和热振动加剧。当温度升到 950℃时,晶体熔化成熔体,测量得到的拉曼光谱中,有三个分别位于 944cm^{-1},800cm^{-1} 和 325cm^{-1} 附近的拉曼峰。为了指认熔体的拉曼光谱的属性,我们构建了可以采用 Gaussian 软件计算的钨氧结构模型: 孤立 [WO$_4$] 四面体模型、[W$_2$O$_7$] 二聚体和 [W$_3$O$_{10}$] 三聚体等模型,并计算了这些模型的拉曼光谱,如图 4.9(c) 所示。比较实验测量的 NBW 晶体、熔体的拉曼光谱和模型计算的拉曼光谱,可指认 912cm^{-1} 的拉曼峰归属于晶体中孤立的 [WO$_4$] 四面体,而 944cm^{-1} 的拉曼峰归属于熔体中短链状的 [W$_2$O$_7$] 二聚体或 [W$_3$O$_{10}$] 三聚体。这些指认说明,晶体中孤

立 [WO$_4$] 四面体在晶体熔化后，已转化成短链状的 [W$_2$O$_7$] 二聚体或 [W$_3$O$_{10}$] 三聚体。

2) NBW 晶体生长边界层的高温激光显微拉曼光谱研究

我们采用高温激光显微拉曼光谱技术原位实时测量了 NBW 晶体生长边界层微观结构的演化，以便为 NBW 晶体生长边界层的同步辐射 XAFS 谱分析提供参考。图 4.10 是原位测量的 NBW 晶体生长边界层的高温激光显微拉曼光谱。可以看出，测量点 a、b 离晶体生长界面较远，其拉曼光谱与 NBW 熔体的拉曼光谱相似，表明这两点处于熔体中，其结构基元为短链状 [WO$_4$] 聚集体、Na$^+$；在图 4.10 中，c、d 两点的拉曼光谱存在两个主振动峰，测量点距离生长界面越近，峰位越接近 NBW 晶体的主振动峰，表明这两点的微观结构已具有 NBW 晶体单胞结构的特征，因此这两点处于 NBW 晶体的生长边界层中。而熔体的特征拉曼峰峰强在生长边界层内随着测量点与生长界面距离的缩小而减弱，表明边界层内短链状 [WO$_4$] 含量逐渐降低；e 点的拉曼光谱是晶体的高温拉曼光谱。

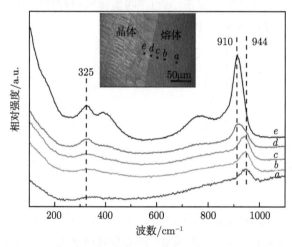

图 4.10　NBW 晶体生长界面附近不同测量点的高温激光显微拉曼光谱

从 NBW 晶体生长边界层的拉曼光谱可以发现，NBW 熔体中的部分结构基元 —— 短链状 [WO$_4$] 聚集体，在边界层内演化成了具有孤立 [WO$_4$] 四面体结构的基团，再与 Bi^{3+}、Na$^+$ 相链接，形成 NBW 单胞结构的生长基元，叠合到界面上实现晶体生长。

3) NBW 晶体和熔体微观结构的 XAFS 研究

应用 XAFS 谱分析 NBW 晶体生长边界层微观结构的演化，首先需要获得 NBW 晶体和熔体的 XAFS 谱，以便为生长边界层的 XAFS 分析提供依据。由于氮化硼 (BN)XAFS 谱的吸收边与 NBW 晶体样品的吸收边相差较远，对 X 射线的吸收少, 同时它的熔点高, 在高温下不与 NBW 晶体及熔体发生化学反应, 因此可以用来做测量 NBW 晶体和熔体 XAFS 谱的支撑材料, 为此用 BN 超细粉和 NBW 晶体粉末 (多晶粉) 均匀混合后制备压块, 简称压块, 进行 NBW 晶体和熔体的 XAFS 的测试。

实验首先进行了 NBW 晶体及熔体中 W 元素 L_3 边的变温 XAFS 谱的测量。实验分别在室温、750℃和950℃对压块进行了 NBW 晶体和熔体的 XAFS 测量 (NBW 熔点为 936℃, 950℃时的熔体), 获得了图 4.11(a) 所示的 NBW 高温晶体及熔体的 XAFS。采用 Ifeffit 软件包进行了拟合 (图 4.11(b)), 获得了 NBW 晶体和熔体钨氧基团中钨的配位数及 W—O 键长, 如表 4.1 所示。采用以上拟合的参数构建了相应的钨氧基团模型: [WO_4] 四面体和 [W_2O_7] 四面体的二聚体模型。根据这两种钨氧四面体模型, 应用 Feff8.4 软件计算了这些模型的 X 射线近边吸收精细结构谱 (X-ray absorption near edge structure, XANES)(图 4.11(c)), 其中 [WO_4] 四面体模型计算的 XANES 与室温及 750℃测量的 NBW 晶体的 XANES 相吻合, [W_2O_7] 四面体的二聚体计算的 XANES 与 950℃测量的 NBW 熔体的 XANES 相吻合。模型计算的

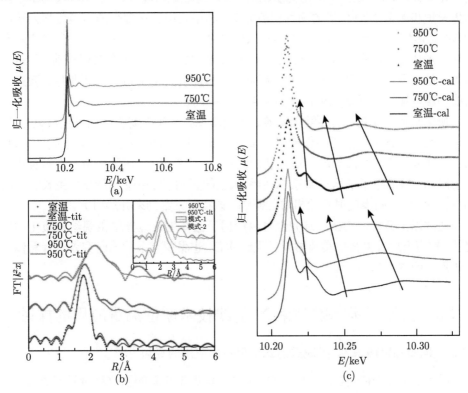

图 4.11 NBW 晶体及熔体中 W 元素 L_3 边的 XAFS(a); XAFS 实验谱的拟合 (b); 对应 XANES 实验谱与计算谱的比较 (c) (后附彩图)

XANES 与实验测量的 XANES 相吻合, 证明了 NBW 高温晶体的主要结构基团是孤立的 [WO$_4$] 四面体, 而 NBW 熔体的结构基团主要是短链状 [WO$_4$] 聚集体。上述结果表明, NBW 晶体和熔体中 W 周围有 4 个配位 O; 晶体中的 W—O 键长只有一种, 为孤立的 [WO$_4$] 四面体的键长; 熔体中有两种 W—O 键长, 对应短链 [WO$_4$] 聚集体的桥氧键和非桥氧键。因此, NBW 熔体中钨氧基团主要是短链状 [WO$_4$] 聚集体。

表 4.1　NBW 晶体和熔体钨氧基团中 W 的配位数及 W—O 键长

温度	N	$R/\text{Å}$	$\sigma^2/\text{Å}^2$	QF
950℃	1.9(3)	1.81(5)	0.0435(23)	15.5
	2.2(3)	2.21(6)		
750℃	4.0(3)	1.81(2)	0.0096(8)	8.3
室温	4.0(1)	1.79(1)	0.0031(3)	5.2

4) NBW 晶体生长边界层微观结构的 XAFS 的研究探讨

在 4.4.2 节中, 设计了应用同步辐射 XAFS 技术研究晶体生长边界层的微型晶体生长炉和测量 XAFS 谱的两种实验方案, 其中采用了在扁平的石英坩埚内形成 NBW 晶体生长边界层 (见 4.4.3 节) 原位测量 XAFS 谱实验方案, 并已经在石英坩埚内形成 NBW 晶体生长边界层, 但测量 XAFS 的实验没有获得成功。造成实验失败的主要原因是我们设计的石英坩埚壁虽然仅有 0.3mm, 但还是厚, 微束 X 射线仍难以穿过坩埚壁采集样品的 XAFS。

使实验获得成功, 需要继续减薄石英坩埚壁, 使其厚度能达到可使微束 X 射线透过坩埚和样品, 但要制作壁厚低于 0.3mm 扁平的石英坩埚, 难度很大。采用第二种实验方案, 虽然形成的薄片状的晶体 — 边界层 — 熔体区域没有石英坩埚壁的限制, 但消除了坩埚对微束 X 射线吸收的影响, 可原位测量晶体生长边界层的 XAFS, 但受同步辐射实验机时的限制, 该实验方案尚未开展研究。

通过以上分析, XAFS 是完全可以应用于晶体生长边界层微观结构演化的研究的, 期望今后有机会把实验结果呈现给读者, 也希望有条件的研究者进行晶体生长边界层的 XAFS 研究。

4.5　其他同步辐射微束 X 射线技术原位测量应用的探讨

4.5.1　同步辐射微束 X 射线透过式衍射技术应用的探讨[25,26]

同步辐射 SXRD 技术对 CsB$_3$O$_5$ 晶体表面的熔化膜的原位测量研究表明, 同步辐射 X 射线衍射是研究晶体生长边界层微观结构演化的有效手段。采用同步辐射微束 X 射线透过式衍射谱研究晶体生长过程微观结构的演化, 可使研究的晶体不只局限于同成分熔融的晶体,非同成分熔融晶体的晶体生长边界层中微观结构演化的研究也可实现。该实验研究仅需要在 X 射线微束的通光面上构建晶体–边界层–熔体所组成的晶体生长系统。当微束 X 射线穿过生长系统的不同部位时,就会采集到这些部位的衍射光谱,获得晶体生长过程中微观结构的演化结果,进一步证明各类晶体的生长基元在边界层内具有一定的有序度和取向性,而且更加直观和有效。然而在我们进行微束 X 射线透过式实验时发现,0.3mm 的透明的石英坩埚壁还是太厚了,微束 X 射线很难穿过石英坩埚,从而浪费了获得的实验机时。后来虽然设计出了竖直区熔法的微型晶体生长炉,能使微束 X 射线直接穿过生长边界层的不同部位,但还没有申请到新的实验机时,实验尚未得以开展,希望有条件的研究者也能开展此项研究工作。

4.5.2　同步辐射微束 X 射线小角散射技术应用的探讨[27,28]

应用高温显微拉曼光谱技术和同步辐射表面衍射技术证明了晶体生长边界层的存在,以及生长基元在边界层内已经具有一定的有序度和取向性,其在边界层内的数量或体积是逐步增多或增大的。但是已获得的实验数据尚不能够确定生长基元的体积大小,也不能确定生长基元在边界层内是否在逐渐长大。

同步辐射 X 射线小角散射 (SAXS) 技术是一种测量纳米级固态或液态颗粒粒径分布的重要方法,其物理实质是利用散射体和周围介质的电子云密度的差异,在入射光束周围的小角度范围内 (一般 $2\theta \leqslant 6°$) 形成散射 X 射线谱。SAXS 实验对固态和液态样品都适用,尤其是对弱序、液晶结构、取向和位置相关性较灵敏的样品检测。目前 SAXS 技术已经应用于原位研究胶体分散体系中胶粒大小分布、胶粒聚集等动态过程[29-31]。由于晶体生长边界层是熔体结构向晶体结构的过渡层,在边界层内生长基元虽然具有单胞结构,但仍不是晶体,是介于熔体和晶体之间的过渡结构,具有一定的颗粒性,因此,有可能应用 SAXS 技术测量晶体生长边界层中生长基元的大小,解决目前尚未有确定的结论的问题。为此,设计了相应的实验装置,该实验装置仍是可以使晶体生长边界层呈现在微束 X 射线测量范围内的微型晶体生长炉。这项工作的开展仍在申请过程中,在此提供了实验思路和方法,希望有条件和有兴趣的研究者开展此项工作。

总之,同步辐射微束 X 射线是研究晶体生长边界层结构的强有力手段,可以揭开其他实验手段无法探知的有关生长基元的多种结构信息。同步辐射微束 X 射线在晶体生长边界层微观结构演化方面的应用,必将使晶体生长微观机理的研究更加完善和丰富。

参 考 文 献

[1]　麦振洪. 同步辐射光源及其应用. 北京: 科学出版社, 2013, (2): 3-6.

[2] Kaminski D, Radenovic N, Deij M A, et al. pH-dependent liquid order at the solid-solution interface of KH$_2$PO$_4$ crystals. Phys. Rev. B, 2005, 72(24): 245404.

[3] Arsic J, Kamiński D M, Poodt P, et al. Liquid ordering at the Brushite-{010}-water interface. Phys. Rev. B, 2004, 69: 245406.

[4] Radenović N, Kaminski D, Enckevort W V, et al. Stability of the polar {111} NaCl crystal face. J. Chem. Phys., 2006, 124: 164706.

[5] Huisman W J, Peters J F, Zwanenburg M J, et al. Layering of a liquid metal in contact with a hard wall. Nature, 1997, 390(6658): 379-381.

[6] 殷绍唐, 张德明, 张庆礼, 等. GIXRD 技术原位实时测量晶体生长边界层微观结构的微型晶体生长炉. 实用新型, ZL201320828702.X.

[7] 吴以成, 张国春. 非线性光学晶体 CsB$_3$O$_5$ 研究进展. 人工晶体学报, 2012, (S1) 6-16.

[8] Krogh-Moe J. Refinement of the crystal structure of cesium triborate, Cs$_2$O$_3$B$_2$O$_3$. Acta Cryst., 1974, 30(5): 1178-1180.

[9] Wu Y C, Sasaki T, Nakai S, et al. CsB$_3$O$_5$: A new nonlinear optical crystal. Appl. Phys. Lett., 1993, 62(21): 2614.

[10] Wan S M, Zhang X, Zhao S J, et al. Raman spectroscopy study on CsB$_3$O$_5$ crystal-melt boundary layer structure. Cryst. Growth & Des., 2008, 8(2): 412-414.

[11] Hou M, You J L, Patrick S, et al. High temperature Raman spectroscopic study of the micro-structure of a caesium triborate crystal and its liquid. CrystEngComm, 2011, 13: 3030.

[12] Okamoto Y, Shiwaku H, Yaita T, et al. Local structure of molten LaCl$_3$ by K-absorption edge XAFS. J. Mol. Struct., 2002, 641(1): 71-76.

[13] Numakura M, Okamoto Y, Yaita T, et al. Local structural analyses on molten terbium fluoride in lithium fluoride and lithium-calcium fluoride mixtures. J. Fluorine Chem., 2010, 131: 1039-1043.

[14] Matsuura H, Watanabe S, Akatsuka H, et al. XAFS analyses of molten metal fluorides. J. Fluorine Chem., 2009, 130(1): 53-60.

[15] 闫文盛, 李晨曦, 韦世强, 等. 高温原位 XAFS 研究熔态 Sb 的局域结构. 核技术, 2004, (03): 161-164.

[16] 殷绍唐, 张德明, 张庆礼, 等. μ-XAFS 技术原位测量熔融法晶体生长配位结构的微型晶体生长炉. 实用新型, ZL201320733349.7.

[17] 殷绍唐, 张德明, 张庆礼, 等. μ-XAFS 技术原位测量熔融法晶体生长微观结构的方法和微型晶体生长炉. 发明, ZL201310582505.9.

[18] Volkov V, Rico M, Mendez-Blas A, et al. Preparation and properties of disordered NaBi(XO$_4$)$_2$, X=W or Mo, crystals doped with rare earths. Journal of Physics and Chemistry of Solids, 2002, 63: 95-105.

[19] 李建利, 徐斌, 刘景和, 等. NaBi(WO$_4$)$_2$ 晶体生长工艺研究. 人工晶体学报, 2001, 30(3): 250-255.

[20] 刘景和, 易里成容, 孙晶, 等. Nd:NaBi(WO$_4$)$_2$ 晶体生长. 硅酸盐学报, 2003, 31(2): 165-168.

[21] 孙晶, 刘景和, 李建利, 等. NaBi(WO$_4$)$_2$ 晶体生长与光谱性能. 硅酸盐学报, 2002, 30(6): 731-734.

[22] Nefedov P V, Leonyuk N I. Composition, morphology, and properties of sodium–bismuth tungstate crystals. Crystallography Reports, 2009, 54(1): 141-145.

[23] Maczka M, Kokanyan E P, Hanuza J. Vibrational study and lattice dynamics of disordered NaBi(WO$_4$)$_2$. J. Raman Spectrosc., 2005, 36(1): 33-38.

[24] Hanuza J, Benzar A, Haznar A, et al. Structure and vibrational dynamics of tetragonal NaBi(WO$_4$)$_2$ scheelite crystal. Vibrational Spectroscopy,1996, 12(1): 25-36.

[25] 殷绍唐, 张德明, 孙彧, 等. 同步辐射 μ-XRD 技术原位测量熔融法晶体生长微观结构的微型晶体生长炉. 实用新型, ZL201520023952.5.

[26] 殷绍唐, 张德明, 孙彧, 等. 同步辐射 μ-XRD 技术原位测量熔融法晶体生长微观结构的方法和微型晶体生长炉. 发明, ZL201510017769.9.

[27] 张德明, 殷绍唐, 孙彧, 等. 同步辐射 U-SAXS 技术原位测量熔融法晶体微观生长基元粒径的方法及微型晶体生长炉. 发明, ZL201510017797.0.

[28] 张德明, 殷绍唐, 孙彧, 等. 同步辐射 U-SAXS 技术原位测量熔融法晶体微观生长基元粒径的微型晶体生长炉. 实用新型, ZL201520023885.7.

[29] Jana N R. Shape effect in nanoparticle self-assembly. Angew. Chem., 2004, 116(2): 1562-1566.

[30] Fan H Y, Yang K, Daniel M B. Self-assembly of ordered, robust, three-dimensional gold nanocrystal/silica arrays. Science, 2004, 304(5670): 567-571.

[31] Sounders A E, Sigman M B, Korgel B A. Growth kinetics and metastability of monodisperse tetraoctylammonium bromide capped gold nanocrystals. J. Phys. Chem. B, 2004, 108(1): 193-199.

第5章 生长界面静电场对生长基元形成和取向的影响

5.1 晶体生长界面对生长基元取向性和有序度的影响的实验依据

CBO 晶体的同步辐射 X 射线表面熔化膜掠入射衍射实验表明, 生长基元在边界层内形成时就具有了确定的取向和一定的有序度, 其取向与成膜晶体的界面取向相同 (相关)。当熔体结构基元的吉布斯自由能降低到可以相互连接形成生长基元时, 在通常情况下, 形成的生长基元取向应是随机的。这些随机取向的生长基元在边界层内其取向为什么会被调整到与生长界面的取向一致? 分析认为这是晶面静电场使随机取向的生长基元的取向在生长边界层内被调整为与成膜晶体界面一致的取向。由于具有单胞结构的生长基元本身已经形成了在不同方向有不同电荷分布的晶面, 其又处于具有特定取向的晶面静电场内, 所以生长基元就会在晶面静电场的作用下调整取向, 使其和生长界面相对的晶面的极性与界面静电场的极性相反, 而另一面的极性与界面静电场的极性相同, 具有了和生长界面相同的取向, 形成了一定的取向性和有序度。为了证明生长基元的取向是晶面静电场作用的结果, 我们对生长界面晶面静电场进行了计算。

5.1.1 点电荷的静电场

众所周知, 点电荷 q 形成的静电场是库仑场, 其表达式为

$$E = \frac{q}{4\pi\varepsilon_0 r^2}\frac{r}{|r|} \tag{5.1}$$

其中, E 是点电荷空间分布的矢量场强, r 是点电荷到空间某点的矢径, r 是矢径的长度, ε_0 是真空中的介电常数, q 是点电荷的电量。

5.1.2 界面晶面静电场分布的计算

基于生长基元在边界层内形成时就具有一定的取向性和有序度的实验结果, 通过计算生长界面静电场的分布以证明生长基元是在生长界面静电场的作用下调整了取向, 使其具有和生长界面一致的取向。

当生长界面有确定取向时,可以把它视为晶体的一个晶面。由周期点阵可知,晶体的任何晶面都是由晶胞格点形成的平行四边形网络结构构成的平面,平行四边形的小角 $\gamma \leqslant 90°$,平行四边形的四个顶点都是晶体晶胞的格点,相邻两个格点所带的等效电荷的电性相反,电量相等,见图 5.1。晶面的静电场可视为晶面上所有格点等效电荷的静电场的合成。对于具有一定取向的籽晶所形成的生长界面,为了计算方便,可视为平界面的晶面 (以后的章节会对生长界面不是平界面的情况给出合理的说明)。晶体生长时,这些格点处于界面的最外部,若把界面作为 xy 平面,则该平面把空间分隔成了两个部分,一部分是晶体内部,另一部分是晶体外部。在 $x, -x,\ y, -y,\ z, -z$ 所构成的八个象限中,下列四个象限 $x, y, -z$;$x, -y, -z$;$-x, y, -z$;$-x, -y, -z$,即 $xy(-z)$ 空间是在晶体内部,格点电荷的静电场处于相互平衡状态,所以不考虑晶面电荷静电场在这个区域的分布,而只考虑晶面计算电荷静电场在 x, y, z;$x, -y, z$;$-x, y, z$;$-x, -y, z$ 四个象限中的分布。因此,xy 平面上任意格点上的电荷在 $z \geqslant 0$ 空间任意一点的静电场的合成就是指 xy 平面上所有点电荷静电场在这四个象限中的空间分布。

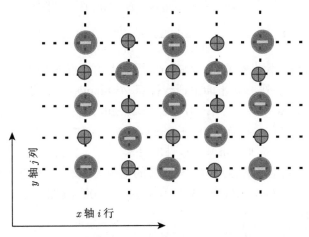

图 5.1 界面静电场网络格点电荷的分布规律示意图

设晶面格点所形成的网络平面为 xy 平面,以该平面上的某一正电荷格点为坐标原点,建立三轴坐标系,x 轴上的单位长度为 a,y 轴上的单位长度为 b,x 轴与 y 轴之间的夹角 $\gamma \leqslant 90°$,z 轴垂直 x,y 轴,z 轴上的单位长度为 d,a 和 b 就是 xy 平面上相邻格点在 x 轴和 y 轴上的距离。

若晶面形成的平行四边形网络平面中,当 a 和 b 的夹角 $\gamma = 90°$ 时,以某一带正电荷的格点为坐标原点,建立的是正交坐标系,则晶面 (xy 平面) 上任意一电荷格点坐标为 $A(na, mb, 0)$,其中 n,m 为整数,$B(x, y, z)$ 为 $z > 0$ 的 xyz 空间中的任意一点,$\boldsymbol{r}$ 为格点 A 指向平面外空间 B 点的矢径。$\boldsymbol{R}$ 为坐标原点到 B 点的

矢径，$\boldsymbol{R}_{OA}$ 为坐标原点到 A 点的矢径，则矢径

$$\boldsymbol{r}_{AB} = \boldsymbol{R} - \boldsymbol{R}_{OA} = (x\boldsymbol{i} + y\boldsymbol{j} + z\boldsymbol{k}) - [(na\boldsymbol{i}) + (mb\boldsymbol{j}) + 0\boldsymbol{k}]$$

$$= (x - na)\boldsymbol{i} + (y - mb)\boldsymbol{j} + z\boldsymbol{k} \tag{5.2}$$

$$r_{AB}^2 = (x - na)^2 + (y - mb)^2 + z^2 \tag{5.3}$$

则格点 $A(na, mb, 0)$ 在 xyz 空间任意一点 $B(x, y, z)$ 的静电场就可以表示为

$$\boldsymbol{E}_B = \frac{1}{4\pi\varepsilon_0} \frac{q}{(x - na)^2 + (y - mb)^2 + z^2} \frac{\boldsymbol{r}_{AB}}{|\boldsymbol{r}_{AB}|} \tag{5.4}$$

当 A 点是带正电荷的格点时，其在 B 点的静电场的三个分量为

$$E_{BxA} = \frac{1}{4\pi\varepsilon_0} \frac{q(x - na)}{[(x - na)^2 + (y - mb)^2 + z^2]^{3/2}} \tag{5.5}$$

$$E_{ByA} = \frac{1}{4\pi\varepsilon_0} \frac{q(y - mb)}{[(x - na)^2 + (y - mb)^2 + z^2]^{3/2}} \tag{5.6}$$

$$E_{BzA} = \frac{1}{4\pi\varepsilon_0} \frac{qz}{[(x - na)^2 + (y - mb)^2 + z^2]^{3/2}} \tag{5.7}$$

已设正电荷格点为坐标原点，若把 xy 平面上的格点网络分为平行于 x 轴的 i 行和平行于 y 轴的 j 列，xy 平面上任一格点 $A(na, mb, 0)$ 中的 n，m 为整数，则，当 $i = 0, \pm2, \pm4, \pm6, \cdots$ 时，$n = 0, \pm2, \pm4, \pm6, \cdots$；当 $i = \pm1, \pm3, \pm5, \cdots$ 时，$n = \pm1, \pm3, \pm5, \cdots$；当 $j = 0, \pm2, \pm4, \pm6, \cdots$ 时，$m = 0, \pm2, \pm4, \pm6, \cdots$；当 $j = \pm1, \pm3, \pm5, \cdots$ 时，$m = \pm1, \pm3, \pm5, \cdots$；$z \geqslant 0$。

当 A' 点是带负电荷的格点时，其所带的电量为 $-q$，若其与 A 点相邻，其坐标可以表示为 $[(n+1)a, mb, 0]$ 或 $[na, (m+1)b, 0]$，其在 $z \geqslant 0$ 空间任意一点 $B(x, y, z)$ 的电场

$$\boldsymbol{E}_B = -\frac{1}{4\pi\varepsilon_0} \frac{q}{[x - (n+1)a]^2 + (y - mb)^2 + z^2} \frac{\boldsymbol{r}_{AB}}{|\boldsymbol{r}_{AB}|} \tag{5.8}$$

或者

$$\boldsymbol{E}_B = -\frac{1}{4\pi\varepsilon_0} \frac{q}{(x - na)^2 + [y - (m+1)b]^2 + z^2} \frac{\boldsymbol{r}_{AB}}{|\boldsymbol{r}_{AB}|} \tag{5.9}$$

其在 B 点的静电场的三个分量为

$$E_x = -\frac{1}{4\pi\varepsilon_0} \frac{q[x - (n+1)a]}{\{[x - (n+1)a]^2 + (y - mb)^2 + z^2\}^{3/2}} \tag{5.10}$$

$$E_y = -\frac{1}{4\pi\varepsilon_0} \frac{q(y - mb)}{\{[x - (n+1)a]^2 + (y - mb)^2 + z^2\}^{3/2}} \tag{5.11}$$

$$E_z = -\frac{1}{4\pi\varepsilon_0}\frac{qz}{\{[x-(n+1)a]^2+(y-mb)^2+z^2\}^{3/2}} \tag{5.12}$$

或者

$$E_x = -\frac{1}{4\pi\varepsilon_0}\frac{q(x-na)}{\{(x-na)^2+[y-(m+1)b]^2+z^2\}^{3/2}} \tag{5.13}$$

$$E_y = -\frac{1}{4\pi\varepsilon_0}\frac{q[y-(m+1)b]^2}{\{(x-na)^2+[y-(m+1)b]^2+z^2\}^{3/2}} \tag{5.14}$$

$$E_z = -\frac{1}{4\pi\varepsilon_0}\frac{qz}{\{(x-na)^2+[y-(m+1)b]^2+z^2\}^{3/2}} \tag{5.15}$$

相邻两格点 A 和 A' 点在 B 点的静电场各方向的分量分别为

$$E_{Bx} = \frac{1}{4\pi\varepsilon_0}\frac{q(x-na)}{[(x-na)^2+(y-mb)^2+z^2]^{3/2}}$$
$$-\frac{1}{4\pi\varepsilon_0}\frac{q[x-(n+1)a]}{\{[x-(n+1)a]^2+(y-mb)^2+z^2\}^{3/2}} \tag{5.16}$$

$$E_{By} = \frac{1}{4\pi\varepsilon_0}\frac{q(y-mb)}{[(x-na)^2+(y-mb)^2+z^2]^{3/2}}$$
$$-\frac{1}{4\pi\varepsilon_0}\frac{q(y-mb)}{\{[x-(n+1)a]^2+(y-mb)^2+z^2\}^{3/2}} \tag{5.17}$$

$$E_{Bz} = \frac{1}{4\pi\varepsilon_0}\frac{qz}{[(x-na)^2+(y-mb)^2+z^2]^{3/2}}$$
$$-\frac{1}{4\pi\varepsilon_0}\frac{qz}{\{[x-(n+1)a]^2+(y-mb)^2+z^2\}^{3/2}} \tag{5.18}$$

或者

$$E_{Bx} = \frac{1}{4\pi\varepsilon_0}\frac{q(x-na)}{\{(x-na)^2+(y-mb)^2+z^2\}^{3/2}}$$
$$-\frac{1}{4\pi\varepsilon_0}\frac{q(x-na)}{\{(x-na)^2+[y-(m+1)b]^2+z^2\}^{3/2}} \tag{5.19}$$

$$E_{By} = \frac{1}{4\pi\varepsilon_0}\frac{q(y-mb)}{[(x-na)^2+(y-mb)^2+z^2]^{3/2}}$$
$$-\frac{1}{4\pi\varepsilon_0}\frac{q[y-(m+1)b]}{\{(x-na)^2+[y-(m+1)b]^2+z^2\}^{3/2}} \tag{5.20}$$

$$E_{Bz} = \frac{1}{4\pi\varepsilon_0} \frac{qz}{[(x-na)^2 + (y-mb)^2 + z^2]^{3/2}}$$

$$- \frac{1}{4\pi\varepsilon_0} \frac{qz}{\{(x-na)^2 + [y-(m+1)b]^2 + z^2\}^{3/2}} \qquad (5.21)$$

xy 平面上所有相邻格点电荷在 xyz 空间 $(z \geqslant 0)$ 任意一点的静电场的分量可表达为

$$E_x = \frac{1}{4\pi\varepsilon_0} \sum \left\{ \frac{q(x-na)}{[(x-na)^2 + (y-mb)^2 + z^2]^{3/2}} \right.$$

$$\left. - \frac{q[x-(n+1)a]}{\{[x-(n+1)a]^2 + (y-mb)^2 + z^2\}^{3/2}} \right\} \qquad (5.22)$$

$$E_y = \frac{1}{4\pi\varepsilon_0} \sum \left\{ \frac{q(y-mb)}{[(x-na)^2 + (y-mb)^2 + z^2]^{3/2}} \right.$$

$$\left. - \frac{q(y-mb)}{\{[x-(n+1)a]^2 + (y-mb)^2 + z^2\}^{3/2}} \right\} \qquad (5.23)$$

$$E_z = \frac{1}{4\pi\varepsilon_0} \sum \left\{ \frac{qz}{[(x-na)^2 + (y-mb)^2 + z^2]^{3/2}} \right.$$

$$\left. - \frac{qz}{\{[x-(n+1)a]^2 + (y-mb)^2 + z^2\}^{3/2}} \right\} \qquad (5.24)$$

或者

$$E_x = \frac{1}{4\pi\varepsilon_0} \sum \left\{ \frac{q(x-na)}{\{(x-na)^2 + (y-mb)^2 + z^2\}^{3/2}} \right.$$

$$\left. - \frac{q(x-na)}{\{(x-na)^2 + [y-(m+1)b]^2 + z^2\}^{3/2}} \right\} \qquad (5.25)$$

$$E_y = \frac{1}{4\pi\varepsilon_0} \sum \left\{ \frac{q(y-mb)}{[(x-na)^2 + (y-mb)^2 + z^2]^{3/2}} \right.$$

$$\left. - \frac{q[y-(m+1)b]}{\{(x-na)^2 + [y-(m+1)b]^2 + z^2\}^{3/2}} \right\} \qquad (5.26)$$

$$E_z = \frac{1}{4\pi\varepsilon_0} \sum \left\{ \frac{qz}{[(x-na)^2+(y-mb)^2+z^2]^{3/2}} \right.$$

$$\left. - \frac{qz}{\{(x-na)^2+[y-(m+1)b]^2+z^2\}^{3/2}} \right\} \tag{5.27}$$

以上公式是基于晶面网络平行四边形小角 $\gamma = 90°$ 推导的结果。当 $\gamma < 90°$，在坐标原点仍为正电荷格点时，设坐标系的 x 轴是平行四边形的一边，y 轴和平行四边形的另一边的夹角为 $90° - \gamma$，此时新平行四边形的两边为 $a' = a$，$b' = b\sin(90° - \gamma) = b\cos\gamma$，则这种变换可以把一般晶面网络的平行四边形简化成矩形条件处理，计算公式如前所推导，结果中把 b' 还原成 b 即可。

5.1.3　界面晶面静电场分布计算的结果

根据前述的计算公式利用 MATLAB 编程，对 CBO 晶体 (011) 面等效点电荷在 $z > 0$ 的方向上的静电场进行了数值计算，在 CBO 晶体 (011) 面的平行四边形网络中 $\gamma = 90°$，因此，以晶面上某一正电荷为坐标原点建立的坐标系是正交坐标系，计算参数为 $a=0.6213\text{nm}$，$b=1.2518\text{nm}$，$d=0.3106\text{nm}$，$q=1.6\times10^{-19}\text{C}$，$\varepsilon_0 = 8.854\times10^{-12}\,\text{F/m}$，图 5.2 是 CBO 晶体 (011) 面在数值计算的结果。a 和 b 是 (011)

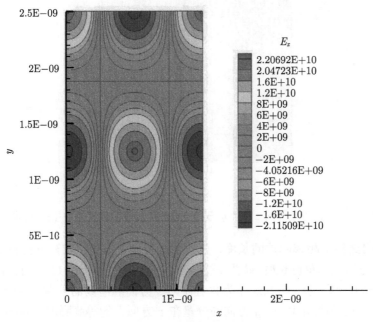

(a) z 方向静电场的等高分量

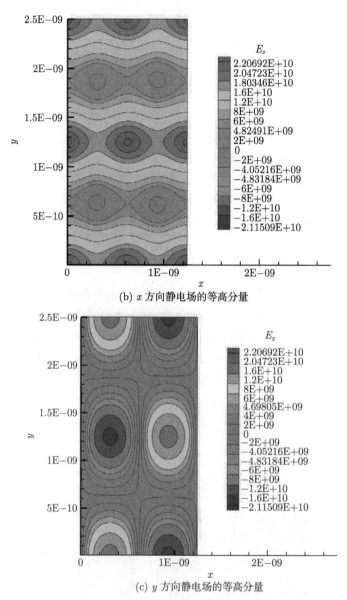

(b) x 方向静电场的等高分量

(c) y 方向静电场的等高分量

图 5.2　晶面静电场的 z、x、y 方向分量的数值模拟计算结果 (后附彩图)

面矩形网络结构中相邻两边的长度，分别是以某一正电荷格点建立的正交坐标系中 x 和 y 方向上的单位长度；d 为 z 方向的单位长度，等于 (011) 面的面间距 (或者根据计算方便取值)。图 5.2(a) 为数值计算 z 方向静电场的等高强度分布图，图 5.2(b)、(c) 分别为静电场 x、y 方向的分量在 z 方向上的等高强度分布图。x、y 方向上两个电场分量叠加后计算的结果为 0，因此，从图 5.2(a) 可以看出，合成静电

场的方向是 z 方向, 它有以下特点:

(1) 界面静电场是丘状网络结构分布, 在网络中相邻的两个丘状静电场的方向相反, 等高的强度相同。

(2) 在 z 接近于 0 时, 每个丘状网格静电场底部的面积和晶面网络格子的面积重合。

图 5.3 是根据界面静电场 z 方向网络分布的等高计算数据绘制的晶面静电场丘状网络分布的示意图, 该图形象地显示出生长界面上的静电场是由丘状分布的网格静电场构成的, 相邻丘状电场的场强方向正负相反, 电场存在范围相同。

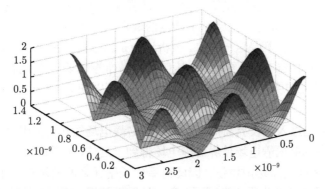

图 5.3 晶面静电场丘状网络分布的示意图 (红色、蓝色分别表示场强方向的正、负)(后附彩图)

5.1.4 界面晶面静电场分布对边界层内生长基元的作用和影响

计算结果表明, CBO 晶体 (011) 面的晶面格点的静电场为方向正负相间的周期性丘状网络场, 在 z 方向上强度为 0 时的 z 值, 就是静电场的作用距离。在 xy 平面上, 每一个丘状网格静电场底部的面积和 (011) 面格点网络的每一个平行四边形的面积大小相同, 随着 xy 平面在 z 轴上的 z 值的增大, 丘状体截面面积逐渐减小, 直到在丘状体电场的顶部缩成一点, 场强为零。晶体生长时, 具有单胞结构的生长基元进入界面电荷的丘状网格静电场的作用范围时, 它们分别在丘状网格静电场的作用下调整晶面取向, 使其面对生长界面一面的电场极性和对应的网格静电场的方向相反, 另一面的极性与对应的网格静电场的方向相同, 这也就是该静电场能把具有单胞结构的生长基元的取向调整成与晶体界面取向一致, 同时使初始丘状网格静电场在 z 方向上得到延伸的机制。

由于晶面网格静电场是由无数微型丘状静电场组成的周期性静电场, 每一个微型的丘状静电场底部与界面网络面积重合, 丘状静电场彼此之间存在着间隙, 表明界面晶面静电场在这一区域的场强为零, 没有界面电场的影响, 但并不代表相邻生长基元之间不存在电荷间的相互作用。因此相邻生长基元横向上彼此一定存在一定联系, 即形成与 z 垂直的晶面的网络结构和界面网络结构相同, 只有这样横向上彼此相连的生长基元才会在电场力的作用下, 一一对应地叠合到生长界面上。这就是晶体生长时, 每个具有单胞结构的生长基元都能准确地叠合到生长界面上的原因。所以在边界层内生长基元会形成具有晶面网络结构的生长基元层。界面静电场和生长基元相互作用和影响还会产生以下几个结果, 可以很好地解释晶体生长边界层内形成的生长基元的取向为什么都会得到调整, 生长基元的特征拉曼峰强和同步辐射衍射峰强为什么在边界层会逐渐增强的机制。

(1) 从图 5.2(a)、图 5.3 中可以看出 z 方向场强为 0 的 z 值 (丘峰的高度) 小于 μm 量级的晶体生长边界层厚度, 而生长边界层内生长基元取向的实验表明, 生长基元在进入生长边界层时已经有了确定的取向, 其并不在界面静电场场强的初始作用范围之内。如何解释这一现象, 分析认为是由于生长基元进入界面丘状静电场的作用范围内时取向得到了调整, 其自身的晶面静电场延伸了界面静电场的作用距离, 生长基元自身的晶面静电场的延伸作用可以使界面静电场的作用在生长边界层内延伸。

(2) 生长基元进入生长界面周期性丘状网格静电场的作用范围时, 其取向得到了调整, 其自身的晶面静电场使界面静电场得到了延伸, 但是由于在生长方向上前后的生长基元之间尚未形成键链, 因此前后生长基元之间的距离大于晶面的面间距, 界面静电场延伸的作用逐渐减弱, 离生长界面越远, 前后生长基元彼此的距离就越大, 密度减小。

(3) 由于晶体生长边界层存在温度梯度, 熔体 (高温溶液) 中的结构基元进入边界层后, 当吉布斯自由能在边界层内逐渐降低到可以相互连接时, 生长基元就会形成, 因此边界层内形成的生长基元会逐渐增多, 在界面丘状网格静电场的作用下, 取向被调整成和生长界面一致的生长基元也就逐渐增多, 密度增大。

5.2　晶面电荷的电势场

5.2.1　点电荷的电势场

晶体生长时, 生长界面 (晶面) 静电场在 $z \geqslant 0$ 空间的三维分布, 虽然可以形象直观地显示电场力对晶体生长基元的作用, 以及生长基元为什么可以准确地叠合到生长界面上, 但静电场是矢量场, 需要分别计算静电场的分量然后再合成, 比较复杂。而电荷的电势场则是标量场, 计算相对简单, 其三维分布也可形象地显示电势场对生长基元的作用。因此, 我们通过点电荷电势场的计算, 进一步说明生长基元可以在晶体生长边界层内调整取向并准确地叠合到生长界面上的机制。

根据点电荷电势场的定义, 点电荷在无限远处的势能为 0, 把单位正电荷从无

限远处移到离点电荷距离为 r 的 a 点，电场力所做的功为

$$U = \frac{q}{4\pi\varepsilon_0} \int_{\infty}^{r_a} \frac{1}{r^2} \frac{\boldsymbol{r}}{|\boldsymbol{r}|} \mathrm{d}\boldsymbol{r} = \frac{q}{4\pi\varepsilon_0} \frac{1}{r_a} \tag{5.28}$$

$$\boldsymbol{E} = \frac{1}{4\pi\varepsilon_0} \frac{q}{r^2} \frac{\boldsymbol{r}}{|\boldsymbol{r}|} \tag{5.29}$$

此功为点电荷具有的电势。

5.2.2 晶面电势场的数值计算

与 5.1.2 节相同，当生长界面有确定取向时，我们把它视为晶体的一个晶面。晶体的任何晶面都是由晶胞格点形成的平行四边形网络结构平面，平行四边形的小角 $\gamma \leqslant 90°$，平行四边形的四个顶点都是晶胞的格点，相邻两个格点所带的等效电荷的电量相等，电性相反。晶面电势场可视为晶面上所有格点等效电荷电势场的叠加。晶体生长时，这些格点处于界面的最外部，若把界面作为 xy 平面，则该平面把空间分隔成了两个部分，一部分是晶体内部，另一部分是晶体外部。因此在 $x, -x, y, -y, z, -z$ 所构成的八个象限中，在象限的 $x, y, -z$；$-x, y, -z$；$x, -y, -z$；$-x, -y, -z$ 部分，即 $xy(-z)$ 空间是在晶体内部，格点电荷的静电场处于相互平衡状态。所以，只需计算 xy 平面上等效电荷在 $z \geqslant 0$ 空间的电势场分布。xy 平面任意格点上的等效电荷在 $z \geqslant 0$ 空间任意一点的电势的叠加，就是生长界面上所有点电荷的电势在 $z \geqslant 0$ 空间的分布。基于这些条件，5.2.1 节所建立的直角坐标系及界面电荷分布规律完全适用于电势场的计算。根据点电荷电势的计算公式：

$$U = \frac{1}{4\pi\varepsilon_0} \frac{q}{r} \tag{5.30}$$

与 5.1.2 节所建立的坐标系一样，仍以 xy 平面上的某一正电荷格点为坐标原点，沿平行四边形网络的一边为 x 轴，单位长度为 a，相邻一边为 y 轴，单位长度为 b，因此，a 和 b 就是 xy 平面上相邻格点在 x 轴和 y 轴上的距离，z 轴垂直 x 轴和 y 轴，其单位长度为 d。

1. 当 a 和 b 的夹角 $\gamma = 90°$ 时的界面电势场

在此条件下，坐标系就是一个正交坐标系，则该晶面上任意一正电荷格点坐标为 $A(na, mb, 0)$，其中 n, m 为整数，$B(x, y, z)$ 为 $z \geqslant 0$ 空间任意一点，$\boldsymbol{r}_{AB}$ 为格点 A 指向平面外空间 B 点的矢径。$\boldsymbol{R}$ 为坐标原点到 B 点的矢径，$\boldsymbol{R}_{OA}$ 为坐标原点到 A 点的矢径，则矢径

$$\boldsymbol{r}_{AB} = \boldsymbol{R} - \boldsymbol{R}_{OA} = (x\boldsymbol{i} + y\boldsymbol{j} + z\boldsymbol{k}) - [(na\boldsymbol{i}) + (mb\boldsymbol{j}) + 0\boldsymbol{k}]$$

$$= (x - na)\boldsymbol{i} + (y - mb)\boldsymbol{j} + z\boldsymbol{k} \tag{5.31}$$

$$r_{AB}^2 = (x - na)^2 + (y - mb)^2 + z^2 \tag{5.32}$$

所以 xy 平面上任意一正电荷格点的电势场为

$$U = \frac{1}{4\pi\varepsilon_0} \frac{q}{[(x - na)^2 + (y - mb)^2 + z^2]^{1/2}} \tag{5.33}$$

当 A' 为负电荷时，若其与 A 点相邻，其坐标可以表示为 $[(n+1)a,\ mb,\ 0]$ 或 $[na,\ (m+1)b,\ 0]$，其在 $z \geqslant 0$ 空间任意一点 $B(x, y, z)$ 的电势为

$$U' = \frac{1}{4\pi\varepsilon_0} \frac{q'}{\{[x - (n+1)a]^2 + (y - mb)^2 + z^2\}^{1/2}} \tag{5.34}$$

或

$$U' = \frac{1}{4\pi\varepsilon_0} \frac{q'}{\{(x - na)^2 + [y - (m+1)b]^2 + z^2\}^{1/2}} \tag{5.35}$$

因此 B 点的电势为

$$U = \frac{1}{4\pi\varepsilon_0} \sum \left\{ \frac{q}{\{(x - na)^2 + (y - mb)^2 + z^2\}^{1/2}} \right.$$
$$\left. - \frac{q}{\{[x - (n+1)a]^2 + (y - mb)^2 + z^2\}^{1/2}} \right\} \tag{5.36}$$

或

$$U = \frac{1}{4\pi\varepsilon_0} \sum \left\{ \frac{q}{\{(x - na)^2 + (y - mb)^2 + z^2\}^{1/2}} \right.$$
$$\left. - \frac{q}{\{(x - na)^2 + [y - (m+1)b]^2 + z^2\}^{1/2}} \right\} \tag{5.37}$$

已设正电荷格点为坐标原点，若把 xy 平面上的格点电荷分为平行于 x 轴的 i 行和平行于 y 轴的 j 行，则 xy 平面上任一格点 $A(na, mb, 0)$ 中的 n，m，当 $i = 0,\ \pm 2,\ \pm 4,\ \pm 6,\ \cdots$ 时，$n = 0,\ \pm 2,\ \pm 4,\ \pm 6,\ \cdots$；当 $i = \pm 1,\ \pm 3,\ \pm 5,\ \cdots$ 时，$n = \pm 1,\ \pm 3,\ \pm 5,\ \cdots$；当 $j = 0,\ \pm 2,\ \pm 4,\ \pm 6,\ \cdots$ 时，$m = 0,\ \pm 2,\ \pm 4,\ \pm 6,\ \cdots$；当 $j = \pm 1,\ \pm 3,\ \pm 5,\ \cdots$ 时，$m = \pm 1,\ \pm 3,\ \pm 5,\ \cdots$；$z \geqslant 0$。

2. 当 $\gamma < 90°$ 时

在坐标系中，形成的平行四边形的另一边与 a 轴的夹角为 $90° - \gamma$，此时，原平行四边形就可以等效变换为新的坐标系，原点 a' 仍为正电荷格点时，坐标系的 x 轴是平行四边形的一边，y 轴垂直于 a，$b' = b\sin(90° - \gamma) = b\cos\gamma$，则这种变换的结果就可以把一般晶面网络的平行四边形简化成为矩形条件处理，计算公式如前所导，结果中需要把 b' 还原成 b 即可。

5.2.3　晶面电势场的数值计算的结果

根据式 (5.37)，对 CBO 晶体 (011) 面在 $z \geqslant 0$ 的空间电势场进行了数值计算，结果分别如图 5.4、图 5.5 所示。图 5.4 是晶面电荷电势场的数值计算等高分布图，从图中可以看到生长界面的点电荷所形成的电势场同样是符号正负相间的丘状网格电势场。每个丘状网络内的电势场的底部面积和 CBO 晶体 (011) 面的网络平行四边形面积相同。电势为 0 的高度 (z 值) 即网络电势场的作用距离。当生长边界层内的生长基元进入电势场的作用范围时，具有单胞结构的生长基元就会在电势场的作用下调整取向使其自身的电势场和晶面网格电势场的极性一致，因此生长基元就会在网络电势场的作用下叠合到生长界面上，生长界面丘状网络电势场对生长基元的作用和生长界面丘状静电场对生长基元的作用是一致的。

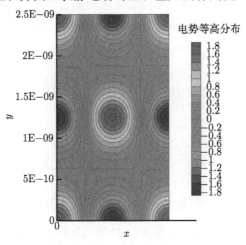

图 5.4　晶面电荷电势场在 z 方向上的等高分布图 (后附彩图)

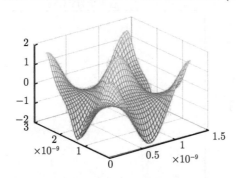

图 5.5　晶面电荷电势场的三维分布图 (后附彩图)

在图 5.5 的晶面电荷电势场的三维分布图中，xy 平面是晶面平面，z 方向表征的是电势，xy 的平面把晶面电势场分成了上下两个部分。在上部可以看到四个丘状的正三维网络电势场; 下部可以看到在每四个正电势场中央的下面都有一个丘状的负三维电势场; 如果上下部绘出的三维丘峰足够多, 那么同样可以看到四个负丘状电势场中央的上部会有一个正电势的三维峰。从晶面电势场的三维分布图可以形象地观察到生长基元进入其作用范围后, 会在电场力的作用下分别叠合到相应极性的生长界面上, 这些三维的电势峰之间存在间隙, 表明在间隙中界面电荷形成的电势为零。

5.3　量子力学方法的电场的计算

如图 5.6 所示采用基于第一性原理的 CASTEP 软件计算了 NaCl 晶体 (001) 面的电势场的分布, 结果显示该面电势场呈现周期性分布, 与晶面电场及电势场的分布规律相同。图 5.7 为 NaCl 晶体 (001) 面电势场的强度曲线。

图 5.6　NaCl 晶体 (001) 面电势场的分布图

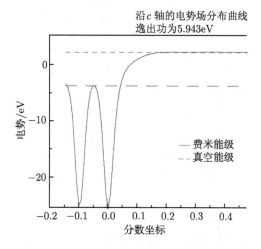

图 5.7　NaCl 晶体 (001) 面电势场的强度曲线

5.4　本　章　小　结

本章对 CBO 晶体 (011) 面作为生长界面的静电场和电势场的分布进行了数值计算, 也对 NaCl 晶体 (001) 面电势场分布作了计算, 结果表明:

(1) 晶体生长界面的静电场和电势场均是周期丘状网络结构的静电场和电势场, 从图 5.2(a)、图 5.3、图 5.4 可以看出, 其子电场 (每个网络上方的丘状静电场、电势场) 在 xy 平面上的电场的截面与晶面网络相重合, 但与相邻丘状电场的电场方向相反 (电势正负相反), 具有单胞结构的生长基元在界面的丘状网格静电场的作用下调整取向, 使其晶面静电场的极性与对应界面静电场的丘状电场的极性方向相反, 因此晶体生长时, 具有单胞结构的生长基元能够在电场力的作用下准确地叠合到对应的生长界面上。

(2) 生长界面周期性丘状网格静电场的子场的最大截面与晶面网络相重合, 丘状电场之间的间隙小于晶面网络的宽度, 而且其中没有界面网络电荷形成的电场, 因此取向已被调整的相邻生长基元之间在横向上会有相互作用并形成连接, 形成晶面网络, 其静电场的一面与所对界面静电场极性相反, 另一面则与界面静电场极性相同, 因此进入丘状静电场作用范围的且已相互连接的相邻生长基元就会在电场力作用下准确地叠合到生长界面上。

(3) 在界面周期性丘状网格静电场和电势场子场的作用下, 生长基元取向得到了调整, 其自身背向界面一面的静电场与界面静电场的方向一致, 使界面静电场在晶体生长边界层内得到了延伸, 但生长基元在生长方向上彼此尚未形成键链, 因此延伸的界面静电场是逐渐减弱的, 其中前后生长基元之间的距离由于场强的减弱而加大, 所以从生长界面到晶体生长边界层外缘, 有确定取向的生长基元的密度逐渐变小。

(4) 晶体生长边界层的温度梯度, 使结构基元的温度逐渐降低, 相互连接形成的生长基元数量逐渐增多, 获得确定取向的生长基元数量也逐渐增多, 因此离生长界面越近生长基元的密度越大。

界面静电场的网络分布和丘状结构特征以及其对生长基元的作用, 不仅使我们认识到生长基元取向调整以及生长基元准确叠合到生长界面的机制, 也使我们认识到生长基元拉曼特征峰及同步辐射 X 射线衍射峰在边界层内逐渐增强是由有确定取向的生长基元在边界层内的密度逐渐增大所致。所以, 本章界面静电场的计算结果揭示了晶体生长边界层内微观结构演化的本质。

第6章 熔融法晶体生长边界层模型

从人工晶体出现以来,针对晶体的生长机制曾经有过多个理论模型,在本书的第1章已对此做过历史回顾,这些理论模型对实际晶体生长过程中生长基元的微观结构的演化,以及生长基元是如何叠合到格位的过程,都很难给出清晰的描绘,因此,对实际晶体生长工艺的指导作用有限。国民经济和科学技术的发展,对人工功能晶体的需求越来越大,这就需要有能够指导人工晶体生长实践的新的理论模型,在此背景下,国家自然科学基金多次资助了熔融法晶体生长微观机理的研究,希望通过这些研究获得对晶体生长实践有指导意义的新的理论模型。本书就是在总结这些研究成果的基础上提出了熔融法晶体生长边界层模型这一原创性的理论模型。

6.1 熔融法晶体生长边界层模型创建的依据

熔融法晶体生长边界层模型是在对晶体生长过程中生长基元微观结构演化的原位实时研究的基础上提出来的,我们与合作单位采用高温显微拉曼光谱对几十个晶体 (包含同成分熔融、非同成分熔融和助溶剂法生长的晶体) 的生长过程进行的原位实时观测。研究表明,这些晶体在生长过程中都存在熔体 (高温溶液) 结构向晶体结构过渡的生长边界层,在边界层内,熔体中的结构基元逐渐转化成具有单胞结构特征的生长基元,最终叠合到生长界面上,形成晶体。同步辐射 SXRD 实验进一步证明,在边界层内,生长基元已经具有确定的取向并形成一定的有序度,其取向与生长界面的晶面取向相同。界面晶面电荷静电场的数值计算结果证明,生长界面的周期性丘状网格静电场的作用,是生长基元取向能被调整并准确地叠合到生长界面的格位上的物理机制。这些研究结果已清晰地描述了晶体在生长过程中生长基元微观结构的演化过程,新的晶体生长边界层模型就是建立在这些研究基础之上的。

在人工晶体发展过程中,发现了许多晶体生长的宏观规律或经验规律,原有的晶体生长理论大都很难对它们形成的微观机制给出合理解释,但是应用晶体生长边界层模型,完全可以分析获得它们形成的微观机制,本书第 7 章将介绍晶体生长宏观规律形成的微观机制。

晶体生长边界层模型虽然是在大量实验研究的基础上提出的,但是,实验晶体基本上都是氧化物晶体,缺少非氧化物等类型晶体的实验研究,这是因为这类晶体的原位实时研究需要很复杂的条件，例如，实验需要在保护性气体的条件下进行，实验装置有时还需要具有抗腐蚀性能。但是这类晶体与氧化物类晶体的区别仅在于构成晶体的阴离子 (或基团) 不是氧化物。根据晶体的成核理论，这类晶体的成核条件和氧化物晶体的成核条件是相同的，因此，非氧化物晶体生长过程中微观结构的演化过程应与氧化物晶体相似，这是我们在还没有对这些晶体进行原位实时研究的情况下，就提出了熔融法晶体生长边界层模型的原因。希望今后有条件时再进行研究，也希望有条件进行晶体生长微观机理研究的研究者开展这类晶体生长的微观机理研究工作，完善目前研究的一些缺失，但这些都不影响晶体生长边界层模型的构建。

6.2 熔融法晶体生长边界层模型内容

激光显微拉曼光谱和同步辐射 SXRD 对晶体生长过程的原位实时研究表明，晶体生长时，熔体中的结构基元在边界层内形成了具有单胞结构且取向与生长界面取向一致的生长基元。在第 5 章中，我们通过对生长界面周期静电场进行的计算和分析，表明生长基元的取向是在周期性界面丘状网格静电场的作用下形成的。在这些工作的基础上，创建了晶体生长边界层模型，模型由四部分内容构成。

(1) 熔融法晶体生长过程中，都存在熔体 (或高温溶液) 结构向晶体结构转化的过渡层，称为晶体生长边界层，它位于晶体的生长界面和熔体 (或高温溶液) 之间，是熔体中的结构基元转化为具有单胞结构的生长基元的区域。不同的晶体和不同的生长条件，生长边界层的厚度不尽相同，边界层内的温度梯度也不尽相同。

(2) 在晶体生长方向上，存在生长界面上的晶面网络格点的等效电荷形成的周期重复的丘状网格静电场，相邻网络的静电场方向相反，其在 xy 平面上的截面面积与晶面网络面积相同。

(3) 熔体 (或高温溶液) 中的结构基元在生长边界层内演化成了具有单胞结构的生长基元后，在界面晶面周期性丘状网格静电场的作用下，把取向随机的生长基元的单胞的取向调整到与生长界面一致，但其面向界面一面的场强方向与对应的界面晶面静电场相反，其背向界面一面的静电场方向和界面静电场一致，使界面丘状静电场在生长方向上得到延伸，呈现出确定的取向和一定的有序度。

(4) 在晶体生长边界层内，具有与生长界面取向一致的生长基元，在晶面周期性丘状网格静电场的电场力作用下，精确有序地叠合到晶体生长界面上，完成晶体生长过程。

6.3   熔融法晶体生长边界层模型的特点

熔融法晶体生长边界层模型是和其他晶体生长理论模型完全不同的理论模型，它对晶体生长时，熔体 (高温溶液) 中的结构基元如何演化成具有晶胞结构的生长基元，生长基元如何在界面周期性丘状网格静电场的作用下精确地叠合到生长界面上的完整过程都有描述，没有任何环节的缺失。因此，该模型是晶体生长微观演化过程的实际反映，晶体生长的宏观规律或经验规律形成的微观机制都能从晶体生长边界层模型中获得答案，对此在第 7 章中有具体的分析和描述。由于与实际晶体生长工艺和晶体生长基元的演化过程密切相关，所以该理论模型对晶体生长的实际具有指导作用。

第7章　宏观晶体生长规律的微观机制

在人工晶体生长发展的历史过程中，晶体生长工作者在晶体生长的实践中，发现或总结出不少晶体生长的宏观规律或经验规律，对于这些规律形成的微观机制，研究探讨不多也不够深入。本章将应用晶体生长边界层理论模型分析给出这些宏观规律或经验规律形成的微观机制。

7.1　位错的形成和位错线垂直晶体生长界面的微观机制

位错是一种晶体中普遍存在的微观缺陷，位错的多少是衡量晶体完整性的重要指标。研究晶体中位错的形成机制以及晶体中位错的分布规律，是晶体缺陷研究的一项重要内容。对于位错的形成机制，已有很多的研究，闵乃本先生在《晶体生长的物理基础》这部晶体生长的经典著作中，对位错的形成机制和分布规律的历史研究做了系统的总结。在这部著作中，将力场中晶体内产生位错的问题称为位错成核，如果力场中晶体内空间各点出现位错的几率处处相等，则称均匀成核，否则称非均匀成核[1]。并认为力场中某些局部区域形成应力集中，可促进非均匀成核的发生，即位错就会产生。总之，位错是晶体在力场中某些局部区域出现应力集中而产生的，是应力集中而产生的结果。

上述论述虽然给出了位错是晶体应力集中产生的结论，但这只是一个宏观的表述，晶体中会存在什么样的力场，该力场又为什么会出现应力集中等问题，需要进行更深入的探讨。为了更好地认识晶体中应力产生的机制及位错的形成，我们需要从微观的角度对这些问题进行研究。为此，我们需要回顾本书已进行的一些实验的结果。

7.1.1　晶格畸变及晶胞应力产生的微观机制

我们用同步辐射 X 射线对 CBO 晶体的 (011) 面进行变温 XRD 测量 (详见第 4 章)，结果表明，随着温度的增加，CBO 晶体 (011) 面的面间距也在随着增加。由此可以推断，已退火的定向晶体样品 (无应力) 在准静态条件下 (缓慢升温) 进行变温 XRD 谱的单晶测量实验，测量的晶体晶面的面间距和温度会有明确的对应关系，随着实验温度的增高，测量晶面的面间距也在增大，因此晶体晶面之间的面间距是随着温度的增加而增加的，可以用下式表达：$d = f(t)$，式中 t 为温度。

晶面面间距的增大表明晶体的晶格常数也在增加，在准静态变化的温度条件下，晶格常数的增加是晶体中的原子、分子和原子团、分子团热运动加快的正常结果，并不产生应力。在同一温度下，同一晶体晶面面间距如果比正常 (准静态变化条件下的温度) 的面间距大，则表明晶体的晶格已发生畸变，有应力产生。

我们还进行了 CBO 晶体 (011) 面同步辐射 X 射线表面熔化膜掠入射衍射实验 (详见第 4 章)，结果表明：在晶体生长边界层内，熔体中的结构基元相互链接后，最初形成了 CBO 晶体的骨架网状结构的 B_3O_7 生长基元，该基元就是 CBO 晶体中的被称为骨架结构的"亚晶格"结构，随后网络状的 B_3O_7 骨架链接了游离态的 Cs^+，在边界层内形成了 CBO 晶体的单胞结构。实验测得的衍射峰显示：在边界层内无论是"亚晶格"的生长基元还是已具有单胞结构的生长基元，都有"晶面"和相应的面间距存在，而且这些生长基元的位置由边界层内的熔体侧向晶体侧变化时，基元晶面的面间距也在逐渐减小，这也表明边界层内的生长基元的面间距是随温度的降低而逐渐减小的，在边界层内生长基元面间距的大小和温度也应有着明确的对应关系，即 $d = f(t)$。

边界层的厚度是生长基元最初的形成位置到生长界面之间的范围，也称为边界层的宽度。受晶体生长温场设计的影响，同一晶体边界层的厚度也不尽相同，边界层内的温度梯度也不会相同。实际晶体生长时很难达到准静态条件下的温度梯度水平，所以，边界层内生长基元的面间距的大小，还与生长基元在边界层内的位置有关，因此，生长基元在非准静态条件下，其面间距可以表示为 $d = f(g, h)$，其中 g 为温度梯度，h 为生长基元到生长界面的距离。

从晶体生长基元在边界层内的微观结构的演化可以看出，边界层内的温度梯度过大，生成的生长基元的面间距就比在准静态条件下大，因此晶格产生了畸变，即晶格常数有了一定的增加，生长基元因晶格畸变而产生了应力。

7.1.2　晶体位错和位错线形成的微观机制

晶体生长时，我们先假设生长界面在初始状态下是理想的界面，即晶格没有发生畸变的晶面，其表面在界面外的周期网络丘状静电场也是没有发生畸变的，是和界面所在晶面的格点平行四边形网络相一致的正负相间的周期性丘状网格静电场。如果在晶体生长边界层内形成的生长基元的晶格没有畸变，当它们处于界面周期静电场的作用范围内时，这些生长基元就会在周期静电场的作用下调整自己的晶面取向，其与生长界面相对一面的晶面静电场的极性和界面晶面静电场的极性相反，另一面的极性和界面静电场相同；因此，在界面晶面丘状网络状周期静电场作用范围内，生长基元就会在界面周期静电场的作用下准确地叠合到生长界面的晶面上，从而完成一个层次的生长。在这种条件下，生长界面上就不会有位错出现。

如果边界层内的生长基元的晶格已发生畸变，其晶格常数已经变大，那么这些生长基元的晶面取向虽然在界面周期网格静电场的作用下，可以调整到和界面晶面一致，其中一面极性与对应界面静电场极性相反，但当生长基元在界面周期静电场的作用下叠合到生长界面时，由于生长基元的晶格已有畸变增大，晶面网络增大，因此生长基元很难一一对应地叠合到生长界面上，需要通过位错的方式解决晶格不相配的问题。于是在新生长的一层晶体中就出现了位错，新生长界面的界面静电场就出现了正负相间的不连续不完整的现象。如果晶体生长的条件没有变化，那么在晶体生长边界层内，生成的生长基元的晶格畸变保持不变，因此生长基元在这种不连续的静电场的作用下，叠合到晶面上新生长的一层晶体的静电场分布也就和上一层相同，在同一位置同样出现了静电场不连续的现象，又有了新的位错，如此多次生长都会在相同的位置出现位错，已经形成的位错就会延伸下来，形成位错线；而生长基元叠合到界面晶面上时由于其晶面取向和界面一致，因此叠合到晶面的生长基元均是垂直于界面晶面的。因而，晶体生长位错线也就垂直于生长界面，这就是位错产生和位错线垂直于界面的微观机制。

7.1.3　螺旋位错产生的微观机制

在实际晶体生长时，随着时间的推移，边界层内的温度梯度是要发生变化的，边界层内生长基元的晶格畸变也要发生变化，因此，新的生长层产生位错的位置不一定和上一层的位错位置相同，会发生位错位置的错位，如此多次生长，所产生的偏离上一生长层位错位置的新位错，就会呈现螺旋延伸的现象，产生螺旋位错。

7.1.4　掺杂晶体中的位错产生的微观机制

功能晶体很多都是掺杂晶体，在掺杂晶体的生长过程中，比较容易产生位错。为什么掺杂晶体的生长时容易产生位错，文献指出，这是"晶体中某些局部区域存在某种沉淀相或异类溶质原子"引起的"位错的非均匀成核"[2]。掺杂晶体中位错具体是如何形成的，还需要通过分析掺杂晶体的微观生长机制来认识。

在实际的人工晶体生长中，掺杂晶体是指在基质晶体中掺入杂质取代基质晶体中的某种离子而形成的晶体，包括晶体原料被污染而生成的晶体。生长掺杂晶体时，杂质离子不一定都能进入基质晶体的晶格，从而产生分凝现象。在 $k_0 < 1$ 的情况下，一方面只有部分掺杂离子能进入生长基元的格位上，余下的掺杂离子 (包括污染的杂质离子) 就会滞留在晶体生长边界层。另一方面，在 $k_0 < 1$ 的条件下，掺杂离子的半径都比被取代的离子半径大，因此掺杂离子进入具有单胞结构的生长基元的格位时，生长基元的晶格就会发生畸变，这部分畸变的晶胞的晶格常数就要增大。如果初始的生长界面是理想的晶面 (籽晶为基质晶体)，那么生长基元叠合到生长界面时，由于生长基元中有一部分发生了晶格畸变，所以也不能完全一

一对应地叠合到生长界面上。如上一段所述，同样是通过位错的方式解决晶格不完全相匹配的问题，因此生长出的新一层的界面就是一个有位错的界面，其界面静电场就不是一个正负相间的完整连续的界面静电场。如果晶体生长的条件没有变化，在晶体生长边界层内，生成的生长基元的晶格畸变保持不变，叠合到生长界面后就会使这种不连续的状态得以保持，因此位错继续延伸，所形成的位错线垂直于生长界面。

然而随着晶体生长的进行，由于 $k_0 < 1$，分凝会使边界层内外的熔体中的杂质离子浓度逐渐增加，之后进入生长基元格位的掺杂离子数按规律逐渐增加，因此后一层生长晶体中含有的掺杂离子数也在增加，将导致前后层之间的位错的错位，产生螺旋位错。如果晶体生长过程中温度梯度发生变化，生长基元晶格的面间距也会随之发生变化，也将导致前后层之间的位错的错位，产生螺旋位错。

7.1.5　影响位错形成的其他因素及改善方法

在晶体生长时"在晶体中某些局部区域存在某种沉淀相或异类溶质原子"会形成位错，就更容易理解了，因为在这种情况之下，某种沉淀相或者异类溶质原子沉积到生长界面上时，已从宏观上破坏了生长界面，当然也就破坏了生长界面的周期静电场，晶体生长时生长基元叠合的生长面就不是有着一个正负相间的完整的周期静电场的界面，因此，晶体生长时产生位错就是必然的了。

本节讨论晶体生长时位错的形成机制和位错的延伸规律，都是假设生长界面是理想的完整界面。这是因为在这种情况下，更容易理解位错在不同的条件下形成的机制。有了这个基础，生长界面是非理想完整界面情况下的位错及位错延伸的机制就容易理解了，在此就不一一论述了。

了解了位错形成的微观机制以及位错的延伸规律，对我们在晶体生长中如何减少位错缺陷具有指导作用。首先，生长晶体时一定要选择低位错的籽晶 (如掺杂晶体用基质晶体作籽晶)，避免晶体生长时籽晶中的位错在晶体生长过程中延伸和增殖，在生长非掺杂晶体时，温度梯度一定要适宜，避免生长基元晶格畸变导致的位错的增殖；在生长掺杂晶体时，适宜的温度梯度可保证生长基元的晶格畸变只是由掺杂离子所引起的，避免减少应力畸变而产生的位错的增殖，生长出低位错密度的晶体。

7.2　晶体应力开裂的微观机制

人工晶体生长中，晶体开裂是在新晶体研制的初期，特别是生长直径较大的晶体时比较容易出现的问题，也比较难克服。需要用较长的时间对生长工艺进行摸索改进，才能获得生长不开裂晶体的工艺。对于晶体生长时晶体开裂的现象，已有不少的研究, 并总结出一些宏观规律或经验规律。然而尚未见到对这些规律形成的微观机制的研究和报道, 因此揭示晶体开裂宏观规律或经验规律形成的微观机制, 是克服晶体开裂的关键。针对晶体开裂形成的不同微观机制, 我们可以对晶体生长工艺进行改进, 减少工艺的探索时间, 在较短的时间内生长出不开裂的晶体。

7.2.1 晶体开裂宏观规律的研究

晶体开裂现象存在于各种方法生长的晶体中, 刘晓阳等[3] 和刘文莉等[4] 对 Yb:YAG, Cr, Yb, Ho:YAGG 等提拉法生长的晶体的开裂现象进行了研究, 认为用提拉法生长这些晶体时, 热效应、生长速率、晶体转速、晶体直径的大小等均是影响晶体开裂的因素, 并给出了具体的研究和分析。

1) 径向温度梯度的影响

在分析热应力的影响时, 他们应用 Brice 圆柱晶体中某一截面温度分布的近似解, 得到了晶体的径向温度差:

$$\Delta T_r = \theta(r) - \theta(0) = -\theta_m \frac{hr^2/2R}{1 - \frac{1}{2}hR} \exp\left[-\left(\frac{2h}{R}\right)^2 z\right] \tag{7.1}$$

并根据晶体中的径向温度变化进一步计算分析, 得到了晶体中的热应变为

$$\begin{cases} \varepsilon_r = -\dfrac{\alpha \Delta T_R}{4}\left[\dfrac{1-3\nu}{1-\nu} + \dfrac{3r^2(1+\nu)}{R^2(1-\nu)}\right] \\[3mm] \varepsilon_\phi = -\dfrac{\alpha \Delta T_R}{4}\left[\dfrac{1-3\nu}{1-\nu} + \dfrac{r^2(1+\nu)}{R^2(1-\nu)}\right] \\[3mm] \varepsilon_z = -\dfrac{1}{2}\alpha \Delta T_R \end{cases} \tag{7.2}$$

在提拉法晶体生长中, 温场被认为是柱对称的温场, 在这种条件下, 应用 Brice 圆柱晶体中的热应变进一步给出了晶体不开裂的最大轴向 (径向) 温度梯度

$$\left(\frac{\partial T}{\partial z}\right)_{\max} = \left(\frac{2}{h}\right)^{\frac{1}{2}} \frac{2\varepsilon}{\alpha R^{1.5}} \tag{7.3}$$

因此, 这些分析指出, 径向温度梯度过大, 超过了热应变允许的最大值, 就会使提拉法生长的晶体出现开裂。

2) 生长速率对晶体开裂的影响

刘晓阳、刘文莉等还应用界面的热流输运方程式分析了晶体的生长速率变化对晶体生长的影响:

$$f = \frac{\mathrm{d}z}{\mathrm{d}t} = \frac{1}{\rho_s L}\left[K_s\left(\frac{\mathrm{d}T}{\mathrm{d}z}\right)_s - K_L\left(\frac{\mathrm{d}T}{\mathrm{d}z}\right)_L\right] \tag{7.4}$$

从式 (7.4) 进一步可以得到晶体生长的极限速率为

$$f_{\max} = \frac{K_s}{\rho_s L}\left(\frac{\mathrm{d}T}{\mathrm{d}z}\right) \tag{7.5}$$

从式 (7.5) 可知，晶体极限生长速率，即最大生长速率，取决于晶体中的纵向温度梯度，因此晶体生长速率的大小反映了晶体生长过程中纵向温度梯度的大小，所以在提拉法晶体生长中，生长速率达到极限值使晶体发生开裂，实际上是因纵向温度梯度过大而引起的。

3) 晶体开裂和晶体直径的关系

刘晓阳等还从热应变的影响分析了生长的晶体开裂和晶体直径大小的关系，并给出了柱对称温场中某一截面的最大热应变 $\varepsilon_{\max}$：

$$\varepsilon_{\max} = \frac{1}{4}\alpha R\,(hR)^{\frac{1}{2}}\left(1 - \frac{1}{2}hR\right)^{-1}\left(\frac{\mathrm{d}t}{\mathrm{d}z}\right)_s \tag{7.6}$$

从式 (7.6) 中可以看出，晶体直径 (半径 R) 越大，晶体中的纵向温度梯度越大，柱对称温场中某一截面的热应变也就越大。结合作者给出的热应变大小取决于径向温度梯度的大小的分析，大直径晶体的开裂其实质仍然是由径向温度梯度过大所引起的，同时也和生长晶体的纵向温度梯度的大小有关。

综上所述，刘晓阳等对提拉法晶体生长中晶体开裂的各种分析，最终都可以归结为是由晶体生长时的纵向温度梯度和径向温度梯度过大引起的，这和晶体生长工作者普遍都认为晶体生长时温度梯度过大会引起晶体开裂的认知是一致的。然而通过温度梯度过大就会引起晶体开裂的进一步分析发现，开裂晶体的晶格都有畸变。晶体生长时，温度梯度过大产生晶格畸变的微观机制是什么，尚需我们进一步地揭示。

7.2.2　晶体开裂的微观机制

从本书的第 3 章和第 4 章对晶体生长微观机制的研究结果已经知道，采用熔体法或者溶液法进行晶体生长时，均存在熔体 (溶液) 中的无序的结构基元向晶体结构基元过渡的晶体生长边界层，在晶体生长边界层内，由熔体 (溶液) 中的结构基元相互链接成为具有单胞结构的生长基元。生长基元在界面周期静电场的作用下获得了和生长界面一致的取向，最终准确地叠合到生长界面上，形成新的一层晶体。

采用同步辐射 X 射线对 CBO 晶体表面熔化膜的研究还证明了，在晶体生长边界层内，生长基元的面间距随其离生长界面的远近的不同而不同，离生长界面越近，面间距越小，见图 7.1。

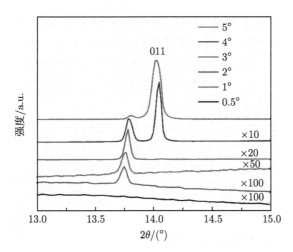

图 7.1 入射角分别为 $0.5° \sim 5°$ 的 CBO 晶体 (011) 表面熔化膜的 XRD 衍射谱 (后附彩图)

我们知道晶体的衍射规律是"布拉格定律"

$$2d\sin\theta = n\lambda \quad (n = 1, 2, \cdots) \tag{7.7}$$

衍射峰位即 θ 角,决定了衍射晶面之间的面间距 d,CBO 晶体在晶体生长边界层内的生长基元的衍射峰位是存在差异的。这就表明了 CBO 晶体的生长边界层内,生长基元的晶面面间距随着其在边界层内的不同位置而不同,θ 角的红移是生长基元晶面面间距靠近生长界面越近面间距就越小的结果。

晶体生长边界层内是存在温度梯度的,边界层内的温度是从熔体 (溶液) 向生长界面方向逐渐降低的,生长基元在边界层内的不同位置对应着不同的温度,所以生长基元晶面面间距的差异是由其在边界层内不同位置的温度所引起的。在准静态理想条件下,生长基元的晶面面间距虽然也随着温度的降低而减小,但是这种减小是和其在边界层中对应位置的温度相匹配的。然而在大多数情况之下,晶体生长边界层内的温度梯度不是理想条件下的温度梯度,因此生长基元晶面面间距的变化不是理想条件下的变化。在生长边界层内,相邻两点之间的生长基元的面间距的差异就会比准静态条件下大。于是生长基元的晶格发生畸变,应力也就产生。生长边界层内的温度梯度越大,晶格畸变也就越大。在一般情况下,晶格畸变将导致晶格常数增大,晶格畸变大的生长基元,在界面静电场的作用下,叠合到生长界面生长成新一层晶体时,晶格常数就会大于熔点温度对应的晶格常数,于是生成了晶格畸变的晶体。晶格畸变将导致晶体的内应力产生,并体现为由晶胞内部向外的张力:

$$F = kf(d) \tag{7.8}$$

晶格畸变越大,内应力也就越大。因此当生长晶体的温度梯度大到一定程度时,叠合到生长界面上的生长基元形成的新一层晶体, 就会有较大的晶格畸变, 其所产生的张力就有可能使晶体开裂, 释放内应力积聚的能量。刘晓阳等研究 Yb:YAG 等晶体的开裂现象时, 最终都把开裂归结为晶体生长时的纵向温度梯度和径向温度梯度过大, 在此我们通过生长基元晶面面间距在生长边界层内的演化, 揭示出温度梯度大引起晶体开裂的微观机制。

虽然温度梯度大将导致生长基元叠合到生长界面时, 其晶格常数大于界面生长温度所对应的晶面的晶格常数, 使生成的晶体有较大的晶格畸变, 产生较大的应力, 从而揭示了晶体生长时晶体开裂的微观机制。然而, 产生晶体开裂的形式和宏观因素不同, 其开裂形成的微观机制也会有所不同, 我们将以几种晶体容易开裂的现象为例, 进行开裂的微观机制分析。

7.2.3 几种开裂现象的微观机制分析

在熔融晶体生长时, 坩埚是直接或间接的发热体, 因此可以认为晶体生长时坩埚温度最高, 坩埚内温度是由坩埚壁到坩埚中心逐渐降低的, 因此晶体生长时存在径向温度梯度。在熔体法生长或者助溶剂生长的温场中存在着纵向温度梯度, 提拉法和泡生法等方法生长晶体时, 纵向温度是由生长界面向坩埚底部增加的, 即坩埚下部的熔体的温度高于生长界面的结晶温度; 而坩埚下降法、温梯法、热交换法等生长方法的纵向温度则是上热下冷。因此在晶体生长时, 无论采用什么生长方法, 都存在纵向和径向温度梯度。生长晶体时, 生长界面处的某个位置对应的温度梯度应是该位置纵向温度梯度和径向温度梯度的合成, 这个温度梯度就是生长界面处该位置生长边界层的温度梯度, 因此在生长界面上的位置不同, 生长边界层的温度梯度也会有差异。

1) 大直径晶体提拉法生长时开裂的微观机制分析

提拉法生长晶体时, 生长界面有锥界面, 也有微凸界面 (平界面), 图 7.2 就是

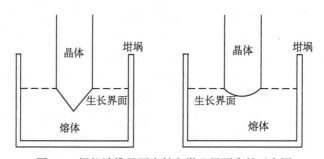

图 7.2   提拉法锥界面生长和微凸界面生长示意图

提拉法生长晶体时这两种生长界面的示意图。

生长直径较小的晶体时, 生长界面的面积不大, 从界面的中央到边缘的距离较

小，界面上不同位置对应的晶体生长边界层中的温度梯度虽有差异，也会引起生长基元的晶格畸变，但这种畸变差异较小，因此生长小直径晶体时，由晶格畸变所引起的应力不大，也就不容易开裂，除非生长晶体时的纵横向温度梯度都很大。生长较大直径的晶体时，我们以微凸界面和锥界面为例进行分析。

当晶体是锥界面生长时，晶体的中心部分较晶体的外缘生成的时间早。因此在晶体的同一水平截面上，中心部分最先生成，由中心向外的径向上，各个部分生成的时间逐渐向后推移，晶体的外缘则是最后生成的部分。在晶体生长过程中，熔体的液面随着生长晶体的增长逐渐下降，对应熔体液面不同位置的温度梯度也不相同，因此在晶体的同一水平截面上，由于晶体生成时的温度梯度是不相同的，不同部位的晶体生长边界层的厚度也不相同，所以晶体生长基元晶胞的晶格畸变程度也不相同，晶体直径 (半径) 越大，内外晶格畸变的差异就越大，产生的应力也就越大，晶体就越容易开裂。

我们也可以通过分析同一时间生成晶体的晶格畸变程度，说明生长的晶体直径越大，越容易开裂的微观机制。当晶体是锥界面 (凸界面) 生长时，界面的各处都同时有晶体生成。锥界面的不同部位在液面下的深度不同，见图 7.2。因此生长界面的不同部位对应的温度梯度也不相同，边界层的厚度也有差异，不同部位边界层中的生长基元单胞的晶格畸变程度也就不相同，即在同一时间内生成晶体的晶格畸变程度也不相同。生长晶体的直径越大，由液面到锥界面锥底的深度也就越大，两个位置之间的温度梯度差也就越大，同一时间内生长的晶体的晶格畸变也就越大，也就越容易开裂。

对于微凸界面 (平界面) 生长的晶体，在同一水平截面上生成的晶体可以看作是同时生成的，生长界面上晶体的结晶温度虽然都是晶体的熔点，但是生长界面下面的熔体中纵向温度梯度可视为处处相同 (以便简化分析)。因此生长界面下熔体中的合成温度梯度的变化，径向温度梯度起到了主要作用。径向的位置不同。生长界面下各处对应的温度梯度也不相同，晶体直径越大，径向温度梯度差异越大。所以生长界面下不同位置对应的晶体生长边界层的厚度也不相同，这就导致了不同部位生长基元晶胞晶格的畸变程度不同，晶体直径 (半径) 越大，由晶体中心部位到边缘的距离就越远，生成晶体的晶格畸变就越大，越容易开裂。

以上我们定性分析了熔体法提拉法生长时，在不同的界面条件下晶体开裂的微观机制，对于各种晶体生长方法生长的晶体，也可以采用同样的方法去分析、认识晶体开裂的微观机制。认识晶体生长时晶体开裂的微观机制，可以使我们对生长工艺加以改进，设计减小生长界面下不同位置生长边界层温度梯度的差异，就可以较好地避免大直径晶体生长的开裂。

2) 水溶液生长大尺寸 KDP 晶体时的开裂的微观机制

山东大学张强勇等[5] 对恒温流动法水溶液生长大尺寸 KDP 晶体时的开裂现

象进行了研究, 他们的研究表明大尺寸 KDP 晶体生长时, 开裂概率随着生长晶体长度 (晶体的横截面积基本不变) 的增加而增加。这个结论是在他们把 KDP 晶体视为横观各向同性的晶体 (材料的横观各向同性理论认为在同一平面内材料属性相同) 的条件下, 应用晶体的横观弹性模量、横观泊松比、轴向 (生长方向) 泊松比、轴向剪切模量等参数, 采用 ANSYS 软件对 KDP 不同尺寸 (生长晶体的长度) 下的外部环境进行仿真模拟获得的, 也基本得到 KDP 晶体生长实验的验证。下面我们将根据论文给出的晶体生长条件, 对大尺寸 KDP 晶体生长时开裂概率随着生长晶体的长度的增加而增加的现象进行微观机理分析。

　　图 7.3 是论文给出的 KDP 晶体在生长过程中的边界条件示意图, 从图中我们可以看出, KDP 晶体在生长过程中, 生长出的晶体整个都浸泡在生长溶液里。采用恒温流动法水溶液生长, 是指流动水溶液的温度是恒定的, 并不意味着生长界面处温度就是流动水溶液的温度, 否则晶体生长边界层没有温度梯度, 晶体就不能生长了。

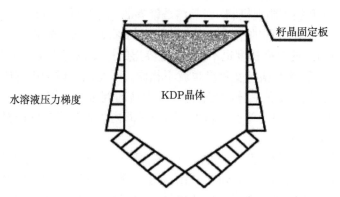

图 7.3　KDP 晶体在生长过程中的边界条件示意图

　　KDP 晶体生长时, 基本是等径生长, 长出的晶体被浸泡在生长溶液中, 溶液不同深度的静压力虽然不同, 但晶体圆柱面上同一深度所受静压力的合力为零。因此 KDP 晶体生长时受到的溶液的静压力, 就是生长界面所受到的溶液的静压力。KDP 晶体的生长界面可能不是平界面, 或像图 7.3 所示意的微凸界面, 为了简化计算, 我们把它视作面积为 s 的平界面。在晶体生长时, 生长界面处的溶液深度最深, 因此随着生长长度的增加, 生长界面在溶液中所处的深度也会增加, 在溶液中同一深度处的压强都是相等的, 因此生长的晶体越长, 生长界面在溶液中的深度就越深, 晶体所受到的向上的静压力就越大。在这种条件下, KDP 晶体生长时的晶体生长边界层也将随着压力的增大而发生变化, 由于晶体生长边界层靠近溶液的区域, 是 KDP 晶体在溶液中的结构基元转化成为具有 KDP 晶体单胞结构的生长基元的区域, 所以生长基元是在结构基元的吉布斯自由能降低后转化形成的。大家知道结构基元在温度降低时可以相互链接转化为生长基元, 在压力增大时, 也可以相互链接转化成生长基元, 因此在压力增大时, 晶体生长边界层的厚度被压缩, 从而使晶体生长边界层的厚度也随着生长晶体长度的增加而变薄, 使得晶体生长边界层的温度梯度增大。

从以上分析可知, KDP 晶体随着生长长度的增加, 其生长界面处的静压力也在增加, 晶体生长边界层的厚度在减小, 这实际上意味着晶体生长边界层内的温度梯度是随着生长晶体长度的增加而增加的。我们已经分析过, 只要不是在准静态条件下的晶体生长, 生长边界层内的生长基元的晶格就会有不同程度的畸变, 生长边界层内的温度梯度越大, 产生的畸变就越大, 叠合到生长界面长成的新晶体的应力也就越大。一般来讲, 晶格畸变都是由晶格常数的增大引起的, 其所产生的应力是张力, 可表示为 $F = f(a)$, 即张力是晶格常数 a 的函数。

KDP 晶体恒温流动水溶液生长时, 如图 7.4 所示, 在竖直方向上主要有生长界面处溶液向上的静压力 F_1、晶体向下的重力 P 以及晶体固定装置给晶体的向上的拉力 F_2。竖直方向上的静压力虽然也在随着深度的增加而增加, 然而溶液的密度显然是低于晶体的密度的, 即 $\rho_r < \rho_s$, 而生成晶体的长度和晶体生长界面在溶液中的深度相同, 因此晶体重力的增加显然大于向上的静压力的增加, 作用在晶体上的合力为

$$F_2 = P - F_1 = (\rho_s h - \rho_r h)s = (\rho_s - \rho_r)hs \tag{7.9}$$

图 7.4 KDP 晶体受力示意图

方向是向上的, 表示拉力, 其中 ρ_s 为晶体密度, ρ_r 为溶液密度, S 为生长晶体的截面积。从式 (7.9) 可以看出晶体受到的拉力随晶体生长长度 h 的增加而增大, 与晶格畸变所产生的向外的张力方向是一致的, 所以随着生长的晶体长度的增加, 产生的拉力就会增大, 而且合力与晶胞晶格畸变向外的方向一致。当内外合力逐渐增大, 大到能使晶胞中的化学键断裂的程度, 晶体就会开裂。尽管 KDP 晶体恒温流

动水溶液生长时，其开裂现象从宏观上看似乎和温度梯度没有关联，但我们通过对以上 KDP 晶体生长时晶体生长边界层厚度的变化以及晶格畸变的变化的微观机制分析，认为 KDP 晶体在这种条件下出现的开裂，其本质仍然是晶体生长边界层温度梯度过大所引起的晶格畸变的张力增大与外力共同作用所致。

通过分析晶体开裂产生的微观机制，尽管产生开裂的形式有所不同，但其本质都是晶体生长边界层温度梯度过大，在边界层内形成的生长基元的晶面面间距比在准静态条件下的晶面面间距大，导致生长基元的晶格在边界层内就已发生畸变。因此叠合到生长界面处的生长基元是晶格畸变的生长基元，新一层形成的晶体是存在应力的晶体，当这种畸变增大到一定程度时，晶体就会开裂，或者在外力的作用下发生开裂。我们认识了晶体开裂的微观机制，就可以在晶体生长时针对不同的开裂现象，设计出合适晶体生长边界层的厚度适宜的温场，避免晶体生长时发生开裂，生长出完整性好的晶体。

我们观察晶体开裂的开裂面时，可以看到在大多数情况下，往往有解理面存在，大家都知道解理面是相互作用力最弱的晶面，因此当晶格畸变所产生的张力达到或超过解理面之间的相互作用力时，晶体就会开裂，这是使晶体开裂的最小应力。我们测量开裂晶体的晶格常数，并与无应力晶体的晶格常数相对比，就可以获得该晶体晶格常数允许变化的最大值，从而也可以获得晶体开裂的最大应力。

7.3　晶体生长速率和转速等生长参数对晶体质量影响的微观机制

晶体生长工艺的探索是一个复杂而长期的过程，因此有"十年磨一晶"之说，这表示在探索新晶体的生长工艺时，需要对温场、各种生长参数、原料的纯度和比例进行优化实验，把优化获得的温场结构和各种参数固化后，就形成了生长优质晶体的生长工艺。在生长晶体时，只要按照固化的工艺设置生长条件，就能够生长出优质晶体。

7.3.1　晶体生长速率对晶体质量影响的微观机制

在生长实践过程中发现，生长某一晶体时，固化的工艺参数中如果某一个参数有了较大的改变，就很难生长出优质晶体。例如，在提拉法生长晶体中，提高生长速率这一参数时，如果速率增大超过了一定范围，生长出的晶体质量就会下降，甚至生长的晶体会成为多晶，这是晶体生长实践中的一条经验规律。我们知道在优质晶体生长的适宜的温场条件下，晶体的生长速率可以有小幅度的变化。因为在适宜的温场条件下，晶体以适宜的速率生长时，结构基元由于温度的降低，在生长边界层内形成了具有单胞结构特征的生长基元，生长基元的晶面的取向在生长界面周期静电场的作用下调整获得和界面一致的取向,并在界面周期性电场力的作用下,准确地叠合到生长界面上,形成新的晶体层,这时形成的生长基元和叠合到生长界面上的生长基元在数量上是动态平衡的。激光显微拉曼光谱的研究表明,在晶体生长边界层内,具有单胞结构特征的生长基元的拉曼特征峰的强度距离界面越近强度越强,说明离界面越近,具有单胞结构特征的生长基元的数量就越多或者是越大;同步辐射表面熔化膜掠入射的衍射光谱研究也表明,表示具有确定取向的生长基元的衍射峰的强度,离生长界面越近,衍射峰强就越强,这就说明具有确定取向的生长基元的数量或者尺度是在逐渐增加的。在晶体生长边界层内,具有单胞结构的生长基元还没有形成晶体,衍射峰只能是生长基元的衍射。因此,无论是拉曼光谱还是同步辐射的衍射谱都显示生长基元在生长边界层内是逐渐增多的,在优良的温场条件下,它们会有条不紊地叠合到生长界面上。如果在固化的工艺条件下,使生长速率增大并超过了速率可变化的适应范围,这时就需要有更多的生长基元生成并叠合到界面上。而在固定的温场条件下,温度梯度并没有改变,形成的具有单胞结构特征的生长基元的数量也应和正常时相同。在界面静电场的作用下,形成的具有和界面取向一致的生长基元的数量不会得到相应的增加,此时如增大提拉速率,就会有尚未形成有确定取向的生长基元叠合到生长界面上,生成的新一层的晶体界面就不是完整的单晶界面,晶体质量必然下降。生长速率增加越多,新一层的晶体的界面越不完整,甚至完全破坏而形成多晶,所以用晶体边界层生长模型可以对这一宏观的经验规律给出其产生的微观机制。

不同的晶体生长方法,增大晶体生长速率的参数调整方式也不相同。例如,采用温梯法等方法的晶体生长时,生长速率的增加一般是通过增大温度梯度实现的,增大温度梯度会使晶体生长边界层变薄,在这种情况下,生长基元在边界层内的演化及在生长界面上的叠合情况,读者可以自己分析,并得出相应的结果。因此在这些生长方法中,生长速率过大使晶体质量变坏的微观机制和提拉法的并不一定相同。

7.3.2 晶体生长转速对晶体质量影响的微观机制

在提拉法晶体生长中,转速也是一个重要的晶体生长参数,晶体生长实践表明,适当的转速可以使生长界面附近形成良好的速度边界层、溶质边界层和生长边界层,我们通过反证法可以证明,在状态稳定后,速度边界层、溶质边界层和晶体生长边界层在晶体生长时是一致的。转速在调节晶体生长界面附近的速度边界层时,也就调节了界面附近的生长边界层、溶质边界层。在分析掺杂晶体的分凝现象时,我们了解到溶质边界层中的杂质浓度梯度对溶质的输运起着重要的作用。因此采用提拉法生长晶体时,通过转速的调节就可以调节溶质边界层的浓度梯度,从而使不能进入晶格的掺杂离子 (包括原料的杂质离子和微溶于熔体中的气相杂质)

不会在生长界面附近富集，并以较快的速率扩散到边界层外的熔体中，在熔体中实现掺杂离子的浓度均化，并随着生长过程的进行，使熔体中的杂质浓度逐步增加。这就是采用提拉法生长分凝系数小于 1 的晶体时，晶体中的浓度会随着晶体生长长度的增加在径向和纵向上都会有所增加的原因。如果生长界面外未能进入晶格的杂质离子不能迅速输运到边界层外的熔体中，这些杂质就会富集甚至形成过饱和的浓度，当杂质过饱和时就会成核长大，晶体生长时就会把它们包裹生长到晶体中，形成气泡、云层、包裹体等晶体的宏观缺陷，所以通过转速调节液流使其形成良好的溶质边界层是提拉法晶体生长克服气泡、云层、包裹体等宏观缺陷的有效手段，因此转速是可以影响晶体质量的一个重要参数。

在固化的提拉法晶体生长工艺中，仅改变转速这一参数并使其超过一定的临界值，生长的晶体质量就会下降甚至生长成多晶 (转速过快造成的熔体的湍流对晶体生长的破坏不包含在内)，这是从事提拉法晶体生长的研究工作者众所周知的经验规律。如何从晶体生长的微观机制上对这一现象做出合理的解释，有助于我们通过液流效应改善晶体的质量。由于生长晶体的温场和生长参数是经过优化的，因此在整个生长过程中，温度梯度尽管会有一些变化，例如，液面下降使得液面上部的坩埚裸露，坩埚的这部分发出的热量主要是用来加热液面上部的气体 (包括保护性气体)；生长出的晶体还可以通过热传导的方式把熔体内的部分热量及结晶释放出的热量传导到晶体表面，由晶体表面把热量辐射到晶体周围的气体中，这些虽然都会使晶体生长的温度梯度有一些变化，但温场是经过优化的，所以温场所提供的温度梯度仍可以满足生长优质晶体的需要。为了论述方便，我们假设温度梯度在生长过程中是不变的。

提拉法晶体生长时，生长界面附近的液流是自然对流和强迫对流的合成，自然对流和强迫对流的流速分别为 v_n 和 v_f，自然对流的流动方向是由外向里，在晶体生长界面中央附近是由上而下；而强迫对流是晶体旋转的离心作用产生的，强迫对流的液流是从熔体底部向上、由中心部位向外的流动。因此两种液流的方向在生长界面附近是相反的。界面附近液流的速度是这两种对流的合成，可以表示为 $v_n - v_f$。若以自然对流的方向为正方向，则当自然对流大于强迫对流时，合成的液流的流速方向就是由外向里、由上向下，$v_n - v_f$ 的值大于 0。当转速比较高时，强迫对流的速度超过自然对流的速度，生长晶体的液流主要是强迫对流，$v_n - v_f$ 的值小于 0，在生长界面的流动方向是由中心向四周，在中心部位则是由下向上；当自然对流和强迫对流流速相等时，$v_n - v_f$ 的值等于 0，生长界面附近就没有了液流的流动。针对以上这几种情况，我们讨论增大转速对晶体生长质量的影响。

在以自然对流为主的情况下，对于非掺杂晶体，增加转速，就会使界面附近液流的流速减小，此时晶体生长边界层的厚度将会增加，使原有的生长边界层向熔体方向扩展，因而使晶体生长边界层与熔体之间的交界处的温度增高，结构基元在边界层内形成生长基元的概率减小。在晶体生长提拉速率不变的情况下，就会出现能叠合到生长界面的生长基元数量不足的情况，一些尚未形成单胞结构的结构基元也会在界面上生长，从而破坏了生长界面结构的完整性，使晶体质量变坏。当生长的晶体是掺杂晶体时，若分凝系数小于 1，由于边界层的增宽，减小了溶质的浓度梯度，也不利于边界层内未进入生长基元格位的掺杂离子向边界层外的熔体扩散，就容易出现掺杂离子在边界层内滞留的缺陷。

在以自然对流为主的晶体生长过程中，如果转速降低，就会使得生长界面的熔体的流动速度增加，使晶体生长边界层的厚度变薄，在这种生长体系中，流速的增大是有限的，因此生长边界层的减薄也是有限的，晶体生长边界层内生长基元的面间距的变化不会使生长晶体的晶格发生大的畸变 (后面对生长边界层减薄对晶体生长质量的影响有比较详细的论述)，生长的分凝系数小于 1 的掺杂晶体，生长边界层的变薄有利于未进入生长基元的多余掺杂离子向边界层外扩散。生长实践证明，核心等缺陷会得到较好改善。但是在提拉法晶体生长时，如果转速过低就会使得熔体得不到均匀的搅拌，坩埚内的熔体也不容易形成以中心为对称轴的轴对称的温场分布，因此在以自然对流为主的提拉法晶体生长中，适当的转速是必要的，不是越低越好。

强迫对流是晶体旋转的离心作用产生的，在以强迫对流为主的晶体生长过程中，当转速降低时，就会使生长界面附近的强迫对流的液流速度降低，进而使合成液流速度降低，晶体生长边界层的厚度增大，此时所发生的情况和以自然对流为主的晶体生长过程中增大转速的情况相同，晶体生长界面的完整性同样得不到保障，晶体质量就会下降。

在以强迫对流为主的晶体生长过程中，如果转速增大超过了转速变化允许的范围，同时转速的增大尚未达到使界面反转的程度，那么此时生长界面附近熔体的流动速度就会变快，使晶体生长边界层的厚度变薄。这虽然不会产生生长基元生成相对不足的情况，但是边界层变薄，生长边界层内的温度梯度增大，导致生长边界层内生长基元的面间距增大，叠合到晶体生长界面上的生长基元的晶格发生畸变增大，从而使生长的晶体产生较大的应力和位错，影响晶体的质量。

7.4 分凝效应的微观机制

分凝是一种掺杂晶体生长过程中普遍存在的现象。但它不仅在掺杂的晶体生长时存在，也在原料不纯或者生长环境污染所造成的晶体生长过程中存在。对于分凝的宏观规律已有很多的研究，特别是对熔体法晶体生长中的分凝现象研究得更为充分，掺杂晶体在熔体法晶体生长过程中的分凝规律已有数学解析表达，因此揭示分凝的微观机制，可以使我们对分凝的研究更深入。

7.4.1　分凝效应的宏观规律

分凝是指在熔体法晶体生长中掺杂离子进入生长晶体晶格的占比现象，如果熔体中的杂质浓度为 C_L，晶体中的杂质浓度为 C_S，则平衡分凝系数 k_0 定义为

$$k_0 = C_S/C_L \tag{7.10}$$

对于每一个特定的掺杂晶体，其平衡分凝系数为常数，与温度无关，也与熔体的杂质浓度无关[5]。因此，当生长 $k_0 < 1$ 的掺杂晶体时，意味着掺杂离子并不能完全进入晶格，由于晶体生长是一个动态过程，部分未进入晶格的杂质离子就会回到熔体中，使熔体中的掺杂离子的浓度有所增加，而随着熔体杂质浓度的增加，生长晶体中的掺杂离子的浓度也会随着晶体生长量的增加而增加。

对于同基质的掺杂晶体，掺杂离子不同，k_0 也会不同，研究表明掺杂离子进入晶格一定是取代了晶格中的原有的某种离子实现的。掺杂离子能否进入晶格和多种因素有关，例如，掺杂离子半径和取代离子半径大小的比较，掺杂离子的电荷和取代离子的电荷是否匹配等。研究表明在电荷匹配的情况下，当掺杂离子的半径小于取代离子时，平衡分凝系数都大于 1，当掺杂离子半径大于取代离子时，平衡分凝系数都小于 1，并且后者随着离子半径的增大而单调减小[6]。

对于 $k_0 < 1$ 的掺杂晶体，在正常的晶体生长条件下，由晶体生长边界层模型理论可知，掺杂离子进入生长基元晶格的过程是在边界层内完成的，未进入生长基元晶格的掺杂离子，就会滞留在生长边界层内，形成溶质边界层，因此生长界面前的溶质浓度就不是熔体的平均浓度 C_L，而是 C_{L0}；在新生长出的一层晶体中，其溶质浓度不再取决于熔体中的平均浓度 C_L，而是取决于生长界面前溶液内的浓度 C_{L0}，因此在准静态平衡条件下的平衡分凝系数 k_0 和在晶体生长时的有效分凝系数 $k_{有效}$ 是有区别的。许多晶体生长著作都给出了有效分凝系数的表达式及其与 k_0 的关系。

$$k_{有效} = \frac{C_S}{C_L} = \frac{k_0}{k_0 + (1 - k_0)\exp\left(-\frac{v}{D}\delta\right)} \tag{7.11}$$

对确定的掺杂晶体的生长系统，平衡分凝系数 k_0 是常数，故有效分凝系数 $k_{有效}$ 与晶体生长速率 v、溶质在溶液中的扩散系数 D、溶质边界层厚度 δ 有关，而 δ 又和熔体的自然对流速度和搅拌速度有关。在上式中当 $v \to 0$ 或 $\delta \to 0$ 时，$k_{有效} \to k_0$。

有效分凝系数和平衡分凝系数都是表征掺杂离子进入晶格的宏观规律的。这些都是掺杂晶体生长宏观规律研究的成果。

7.4.2　分凝现象的微观机制

虽然生长每一种掺杂离子晶体其宏观的平衡分凝系数和有效分凝系数都可以通过实验测定。当 $k_0 < 1$ 时，掺杂离子取代晶格离子的概率随着 k_0 的减小，其难

度增加，经验告诉我们，k_0 越小，生长晶体的速率就越低，因此 k_0 的大小也在某种程度上成为我们选择生长速率的一个重要依据。为什么 k_0 越小晶体需要的生长速率就越低，否则就很难获得高质量的晶体？通过分析掺杂晶体生长过程中，生长基元和掺杂离子在晶体生长边界层内的演变，可以从微观机制上得到回答，并进一步推导出晶体的生长速率和 k_0 的函数关系。

晶体生长时，具有单胞结构特征并有一定取向的生长基元是在边界层内形成的，因此掺杂离子取代晶格中的某一离子也是在边界层内进行和完成的。此时晶体生长边界层内就存在两个过程：一是熔体中无序的结构基元相互键链形成具有单胞结构和籽晶晶面取向的生长基元；另一过程是部分基质晶体生长基元单胞中的部分离子被掺杂离子所取代，例如，在 Nd:YAG 的晶体边界层内 Nd 离子取代 Y 离子进入生长基元单胞的格位，因此在边界层内既有纯基质的生长基元也有掺杂离子进入格位的生长基元，它们将在籽晶晶面周期静电场的作用下叠合到晶面上，生成晶体。另外由于分凝系数小于 1，部分未在边界层内进入生长基元取代格位的杂质离子，就会留在边界层内，形成溶质边界层，需要通过一定的机制，如扩散机制，把未进入生长基元单胞格位的多余的杂质离子扩散或者输运到熔体中去。由此可见把分凝说成是排杂，是不准确的，因为这些掺杂离子根本没有进入晶体内，也就不存在所谓的排杂。因此，分凝实质就是晶体生长时，在晶体生长边界层内未进入生长基元格位的掺杂离子通过扩散机制回到边界层外熔体中的现象。

7.4.3 生长速率和平衡分凝系数的关系

掺杂晶体的平衡分凝系数 k_0 越小，在晶体生长边界层内未进入生长基元晶格的掺杂离子就越多，需要扩散到熔体中的多余的杂质离子就越多。就掺杂晶体生长而言，不论其扩散系数 D 是大是小，扩散相对而言都是一个比较缓慢的过程。虽然增大温度梯度可以使晶体生长边界层变薄，增大晶体生长边界层内杂质离子的浓度梯度，有利于提高杂质离子的扩散速度，但又将导致生长基元晶格的畸变增大，长出晶体的完整性变差，应力增大，甚至开裂。因此，当生长分凝系数 $k_0 < 1$ 的晶体时，不能简单地通过提高边界层的温度梯度、增大边界层内杂质的浓度梯度来加快杂质的扩散速度。因而在适当的温度梯度条件下，在感应加热的提拉法晶体生长过程中，只有通过降低提拉速率，才能使单位时间内生成并叠合到生长界面的生长基元数和扩散到边界层外熔体中的杂质离子数达到动态平衡，才能使生长晶体的质量得到保障，这也就是分凝系数小的晶体提拉法生长时，生长速率不能简单提高的原因。其他如用温梯法生长分凝系数小的掺杂晶体时，晶体生长边界层的厚度，既要满足晶体正常生长需要的温度梯度，也要满足掺杂离子正常扩散所需要的溶质浓度梯度。因此温梯法生长掺杂晶体，实质上也是通过降低生长速率来实现的。所以无论采用什么方法生长分凝系数小的掺杂晶体，盲目进行高生长速率的探索

是无益的，这是由分凝的微观机制决定的。

关于生长 $k_0 < 1$ 的晶体的生长速率，我们还可以通过计算晶体生长时，边界层内未进入生长基元格位的掺杂离子数和扩散到边界层外的掺杂离子数获得。在进行计算之前，先对有效分凝系数 $k_{有效}$ 进行一些分析。下式是有效分凝系数的公式中分母的一部分，在实际的晶体生长过程中，特别是提拉法晶体的生长过程中，晶体的生长速率 v、掺杂离子的扩散系数 D、溶质边界层厚度 δ 都是正值，故

$$0 < \exp\left(-\frac{v}{D}\delta\right) \leqslant 1 \tag{7.12}$$

因此

$$k_0 + (1 - k_0)\exp\left(-\frac{v}{D}\delta\right) \geqslant k_0 \tag{7.13}$$

所以掺杂离子的有效分凝系数 $k_{有效}$ 一般都略小于 k_0，但相差不大。

对于某一特定的晶体，平衡分凝系数 k_0 是一常数，杂质的扩散系数 D 也是一个常数，因此影响有效分凝系数大小的只是晶体的生长速率 v 和溶质边界层的厚度 δ。我们已经知道晶体生长边界层和溶质边界层是统一的，δ 的厚度就是晶体生长边界层的厚度。在晶体生长边界层附近的温度梯度一定的情况下，边界层的厚度受到边界层附近液流速度的大小的影响，流速快，δ 就小。而生长速率 v 的大小决定了边界层内未进入生长基元格位离子的多少。在晶体生长时，生长速率增大，晶体生长边界层内的杂质离子增多，浓度增加，有利于提高掺杂离子进入晶格的概率，可以提高有效分凝系数。溶质边界层的厚度 δ 增大也会提高有效分凝系数，如果 δ 无限大，即边界层无限厚，有效分凝系数就和平衡分凝系数一致。但是在实际晶体生长中，追求的是生长高质量的晶体，提高有效分凝系数并不是我们的目的。因此 δ 的厚度要适当，这是因为在晶体生长边界层内未进入生长基元格位的杂质离子需要通过扩散机制扩散到边界层外的熔体中，δ 厚，溶质的浓度梯度就小，不利于溶质的扩散，就会造成溶质浓度在边界层内的饱和和过饱和，甚至成核，被包裹到晶体中，使晶体的质量变坏。在晶体生长速率过快影响晶体生长质量的一节中，我们已经论述了提高晶体生长速率使其超过允许的限度时，晶体的质量会变坏，在此就不详细论述了。因此，在实际生长过程中，我们不能为了提高有效分凝系数而去不适当地提高晶体的生长速率，也不能使晶体生长边界层附近的液流速度过慢，虽然可使边界层的厚度增加，有利于提高有效分凝系数，但又会使晶体生长边界层内的杂质浓度梯度降低，不利于杂质的扩散，也不利于生长高质量的晶体。在正常晶体生长的条件下，我们通过分析晶体中浓度变化规律所得到的分凝系数，实际上就是在生长这种晶体的工艺条件下的有效分凝系数。下面我们将推导掺杂晶体正常生长时，晶体生长速率和分凝系数的关系。在上一段，我们已经证明掺杂离子的有效分凝系数 $k_{有效}$ 和 k_0 相差不大。因此，我们把两者视为相等，以便在

推导中作合理的简化。

由于掺杂晶体正常生长时，边界层内未进入生长基元格位的掺杂离子数和扩散到边界层外的掺杂离子数具有相等关系。所以 $k_0 < 1$ 的掺杂晶体的生长速率与 k_0 的关系可以通过分别计算掺杂晶体生长时未进入生长基元格位的杂质离子数和扩散到边界层外的杂质离子数来确定。

设晶体生长界面的面积为 s，面积单位为 cm^2，晶体生长的时间为 dt，晶体生长的速率为 v，晶体生长边界层的厚度为 δ，扩散系数为 D，晶体的平衡分凝系数为 k_0，熔体中杂质的原子百分比浓度为 C_L，进入生长基元格位的杂质原子百分比浓度为 C_S，熔体的密度为 ρ，则在 dt 时间内可生成的晶体的熔体量为 $M' = \rho s v dt$，此时晶体中含有掺杂离子的数量 $M' = MC_S$。而在溶体 M 内，由于部分掺杂离子已进入生长基元的晶格，则没有进入晶格的掺杂离子的数量应为 $MC_L - MC_S$，所以在晶体生长时，边界层内的未进入晶格的掺杂离子数为 $C_L(1 - k_{有效})\rho s v dt$。它们需要通过扩散机制扩散到边界层外，由于掺杂离子在溶液中的扩散系数为 D，则通过 s 面扩散到边界层外的离子数量应为 $D \cdot s dt$，它应该与在 dt 时间内没有进入晶格的掺杂离子数相同，才能够使掺杂晶体的生长量和未进入生长基元晶格的掺杂离子扩散到边界层外的数量达到平衡。

$$C_L(1 - k_{有效})\rho s v dt = D \cdot s dt \qquad (7.14)$$

$$k_{有效} = 1 - D/C_L\rho v \qquad (7.15)$$

在 $k_0 < 1$ 时，由于有效分凝系数 $k_{有效}$ 与平衡分凝系数 k_0 在晶体正常生长时差异不是很大，在此我们把两者视为相同，从而得到

$$v = D/(1 - k_0)(\rho C_L) \qquad (7.16)$$

由此可见，掺杂晶体生长时其生长速率 v 和扩散系数 D(对某个生长系统为常数) 成正比，和熔体的浓度 C_L 及 $1 - k_0$ 成反比，这也就是当平衡分凝系数 $k_0 < 1$ 时，k_0 越小，生长高质量晶体的生长速率就会越小的原因，故生长 $k_0 < 1$ 的晶体时，生长速率不能盲目提高。

7.5 组分过冷的微观机制

7.5.1 组分过冷现象的宏观论述和分析

组分过冷是人工晶体生长过程中容易出现的一种缺陷，最为典型的是晶体生长界面出现胞状结构缺陷的现象。关于组分过冷的著述研究不少，成果都是通过分

析组分过冷产生的宏观条件获得的，本节有关组分过冷现象的宏观论述和分析，是对这些著述研究的综合表述。

1. 生长界面邻近存在狭小的过冷区，是组分过冷形成的主要宏观机制

生长界面邻近存在狭小的过冷区被认为是形成组分过冷的主要原因，这个结论是在分析了生长界面前的温度梯度分布状态对生长界面的影响后得出的。该认识首先假定晶体生长界面为一平面，在界面前沿的熔体中，其温度分布通常可以设想有三种形式，如图 7.5 所示。

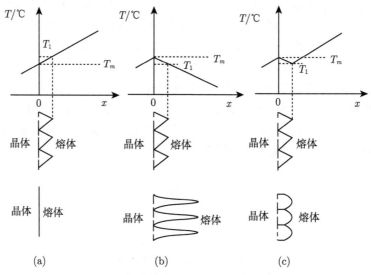

图 7.5　生长界面附近温度梯度分布的三种形式

第一种温度分布的特征是，熔体温度离界面越远温度越高，如图 7.5(a) 所示，也就是说温度梯度是正的，即为过热熔体，在偶然因素的干扰下平固液界面上出现某些凸缘，由于温度梯度是正的，凸入到熔体内部的凸缘尖端的生长速率明显下降，或是被后面的固/液界面追及，或是被熔化掉，因而平界面是稳定的，此时晶体生长速率是可以控制的，这是人工生长晶体的情况。

第二种温度分布的特征是，温度梯度为负，如图 7.5(b) 所示，熔体为过冷熔体，因干扰产生的凸缘尖端的生长速率更高，凸缘越来越大，于是原先平坦界面上就出现了很多尺度不断增长的凸缘，此时平界面是不稳定的，不仅凸缘尖端的生长速率越来越大，整个熔体也都会迅速凝固，生长变得不可控制。

第三种温度分布的特征是，熔体中的温度不是单调地改变，虽然远离固/液界面的熔体仍为过热熔体，但是在固/液界面邻近出现了一个狭小的过冷区，如图 7.5(c) 所示，因而在平坦界面上因干扰而出现的凸缘能够保存。但是由于远离固/液界面处的熔体仍为过热熔体，这些凸缘又不能无限制地发展，故可保持一定的大小。此时界面的几何形状就像在平坦界面上长出了很多晶胞，称为胞状界面，是组分过冷形成的典型缺陷。因此，在晶体生长过程中如果出现这种现象，会对生长出的晶体质量产生不利的影响。

目前大部分有关组分过冷产生的宏观机制的论述，都是采用第三种温度分布分析的结果，大都认为组分过冷现象的产生，是晶体生长界面的稳定性被破坏的结果。因此可以认为，生长界面附近有特殊的温度梯度分布，是造成晶体生长界面稳定性被破坏的主要因素之一，也是组分过冷形成的主要宏观机制。

2. 生长界面附近溶质浓度梯度对组分过冷形成的影响

除特殊的温度梯度分布会造成晶体生长界面稳定性被破坏外，生长界面附近的溶质浓度对生长界面的稳定性也有很大的影响。闵乃本先生在《晶体生长的物理基础》一书中，对溶质浓度影响生长界面的稳定性作了如下描述：如果考虑到溶质的浓度梯度，即使熔体温度梯度为正值，如图 7.6(a) 所示，平坦界面也可能是不稳定的[7]。在熔体的温度梯度是正值的条件下，如果没有溶质影响，如前所述，平坦界面是稳定界面。但当熔体中含有分凝系数 $k_0 < 0$ 的溶质时，在晶体生长过程中，多余的溶质会在界面前聚集，从而形成溶质边界层 δ_c，越接近界面，其溶质浓度越高，如图 7.6(b) 所示，而熔体的凝固点随溶质浓度的增加而降低，如图 7.6(c) 所示。

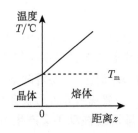

(a) 固/液界面邻近的温度分布

(b) 固/液界面处的溶质分布(溶质边界层)

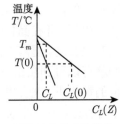

(c) 凝固点与浓度的关系

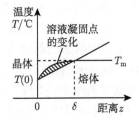

(d) 溶液凝固点分布以及组分过冷区的形成

图 7.6　生长界面附近的温度、溶质浓度的分布及其与凝固点的关系

当分凝系数 $k_0 < 1$ 时，溶质边界层中的凝固点关于距离 z 的变化表示于图 7.6(d) 中。在 $z = 0$ 处，边界层中溶质浓度最高，相应的凝固点 $T(0)$ 最低，此后随着 z 的增加，由于溶质浓度降低，所以凝固点随之升高，至 $z = \delta$ 处，达溶质边界层的外缘，浓度达到平均浓度，故其凝固点也升高到 T_m。在边界层外，浓度认为是均匀的，故其凝固点也恒为 T_m。如果熔体中存在溶质，当溶质边界层建立后，在边界层内各点处的凝固点是不相等的，如图 7.6(d) 所示，虽然界面处的实际温度是对应溶液浓度的凝固点，而在边界层外的熔体中，熔体的实际温度随离界面距离的增加而上升，但在图 7.6(d) 中的阴影区域内，熔体的实际温度却低于凝固点 T_m，这意味着熔体处于过冷状态。这样在平坦界面上因干扰而产生的凸缘，其尖端处于过冷度较大的熔体中，因而其生长速率比界面快，凸缘不会自动消失，所以平坦界面的稳定性被破坏了。这是因为溶质的存在使生长界面前产生了狭窄的过冷区，从而会在生长的晶体中出现组分过冷的胞状结构。

7.5.2 组分过冷形成的晶体生长边界层模型机制

在 7.5.1 节中引述了组分过冷在不同的温度梯度和分凝系数 $k_0 < 1$ 的条件下形成机制的论述，这些机制从宏观上对组分过冷现象给出了比较合理的解释，但是均未涉及组分过冷现象形成的微观机制，下面我们将运用晶体生长边界层模型分析组分过冷现象形成的微观机制。

1. 提拉法生长晶体时, 温度波动所产生的缺陷

凡是从事过提拉法晶体生长研究的人都知道，在晶体生长过程中，如果发生了温度波动 (可以是电源波动引起的，也可以是晶体生长设备故障所引起的)，就会使生长晶体的直径变细或者是变粗，晶体内部就会出现气泡、云层等缺陷，很多人认为这种缺陷是温度波动所产生的组分过冷所致，但仔细观测分析后就会发现，这些缺陷并不具有组分过冷特有的缺陷特征，所以一般温度波动不会产生组分过冷缺陷，而产生的是另外的宏观缺陷。

1) 波动使熔体的温度升高的过程中产生的缺陷

采用提拉法生长晶体，例如，使用温度控制精度不高的提拉设备生长晶体，或晶体生长系统工作有异常时，往往会有温度波动的情况出现，并在晶体的相应部位产生缺陷。以提拉法生长非掺杂的晶体为例，如果是升温波动，温度升高的速度不是很快，是一个持续一段时间的过程。从宏观上我们就可以看到在相应的部位，生长晶体的直径会有数毫米的减小，在晶体变细的部位的截面下，就会出现与界面形状 (一般是凸界面) 相似的缺陷层。在波动使温度升高的过程中，生长界面附近的温度升高，从而使生长界面处的温度梯度变小，因此生长界面前的晶体生长边界层的厚度就会在波动的升温期间增加。在提拉速率不变的条件下，在生长界面附近就

出现了生长基元相对不足的情况，叠合到生长界面上的就不全是具有单胞结构的生长基元，因此生长界面上形成的晶体层就不是完整的晶体，严重时新形成的晶体层就是缺陷很多的一层晶体。在温度波动过程中，当温度升高到极值后，就会逐步回落到原有的温度，在这个过程中晶体生长边界层内的温度梯度也逐步恢复到原有的状态，因此叠合到生长界面的生长基元又恢复到了正常生长的状态，此后生长出的新的晶体就不再是缺陷很多的晶体层。我们通过对缺陷的仔细观察也可以发现，缺陷层中的缺陷是由严重逐渐减轻直到消失，这种由温度升高的波动所产生的缺陷，从其生成的微观机制来看，并非是一种组分过冷现象。

2) 波动使熔体的温度降低的过程中产生的缺陷

如果温度波动过程是使生长界面附近的温度降低并持续一定的时间的过程，那么仍以提拉法生长非掺杂的晶体为例，从宏观上可以看到生长晶体直径增加数毫米，在晶体变粗的部位下面就会出现与界面形状相似的缺陷。

由于生长界面的温度是熔点温度，因此在降温过程中，会出现几种情况，一是生长界面由于温度的降低而向熔体方向迅速移动，虽然提拉速率没变，但实际生长速率有了很大的增加，超出了允许的范围，这种情况在 7.3.1 节中已有分析。再一种情况是，温度降低超出了具体生长边界层范围，晶体生长边界层内生长基元的温度也随之降低。生长基元的面间距也从温度未降低时的 $d1$ 变成了温度降低后的 $d2$，使其在边界层内的位置变得更接近生长界面。同时边界层内那些尚未键链的结构基元也因温度降低而键链形成了具有单胞结构的晶体生长基元，但取向却未得到完全地调整，使边界层内的生长基元大量增加，在机械提拉速率保持不变的情况下，叠合到生长界面的生长基元超过了生长所需要的生长基元数，新生长的晶体层的完整性受到破坏，形成一层结构错乱的生长层，在降温的波动过程停止并逐渐恢复到正常状态时，在晶体生长边界层内形成的生长基元的生成数和叠合到生长界面所需的生长基元数又可以达到新的平衡，此后生长的晶体，其完整性也会得到恢复。通过对温度波动使晶体变粗部位的缺陷进行观察可以发现，缺陷层的缺陷是由严重逐渐减轻直到消失，这种由温度降低的波动所产生的缺陷，从其生成的微观机制来看，也不是一种组分过冷现象。

提拉法生长中出现降温波动这种现象时，在温度降低期间生长的晶体的直径会有所变粗，这是由两个原因造成的，一般提拉法生长晶体时其界面大多是凸界面，因此晶体生长边界层的形状也类似于界面，晶体外缘与熔体相交处的晶体生长边界层与生长界面几乎都是处于垂直状态，在提拉速度不变的情况下，温度降低时生成的过多的生长基元叠合到几乎垂直的界面上，从而使晶体有所变粗。

综上所述，在提拉法生长非掺杂晶体的过程中，不论是温度升高的波动还是温度降低的波动，在温度波动时，生长部位都会产生与生长界面形状相似的宏观缺陷，通过对其形成的微观机制的分析发现，这些缺陷并非是组分过冷缺陷。

2. 组分过冷出现的微观机制

尽管提拉法生长非掺杂晶体时，温度波动所产生的缺陷不是组分过冷缺陷，但组分过冷确实是生长过程中会出现的一种缺陷，特别是在生长掺杂晶体时。由于掺杂晶体生长时，在边界层内不仅有具有单胞结构特征和确定取向的生长基元生成，对于分凝系数 $k_0 < 1$ 的晶体，由于杂质离子不能完全进到生长基元的格位上，因此除进入生长基元的掺杂离子外，余下的掺杂离子，就会留在晶体生长边界层内，所以边界层内的掺杂离子浓度增大。晶体正常生长时，边界层内的浓度增大的掺杂离子会通过扩散机制输运到边界层外掺杂离子均匀的熔体中，使进入生长基元的掺杂离子和扩散回到熔体中的掺杂离子处于动态平衡状态，即叠合到生长界面的生长基元和通过扩散机制输运到边界层外的多余掺杂离子达到动态平衡状态。由于边界层内的掺杂离子浓度高于熔体的平均浓度，所以生长界面的凝结温度 T_m 要低于边界层外熔体浓度所对应的凝结温度 T_0，若把边界层仍视为熔体的一部分，则这一区域已处于过冷状态。因此当晶体生长，温度发生突然扰动时，生长界面就会出现组分过冷的缺陷。

3. 生长界面胞状缺陷出现的微观机制

当生长晶体的功率发生变化，生长界面附近的温度的降低超过了晶体正常生长的范围时，生长界面及其附近的晶体生长边界层内的温度也会降低。此时，除了生长界面会相应向前移动外，边界层内未进入生长基元的掺杂离子的溶解度随着温度的降低而降低，原来的掺杂离子的平衡溶解度就会因温度的降低而达到饱和甚至过饱和的状态，因此晶体生长边界层所在区域熔体相对原先的熔体就是过冷熔体。因而晶体生长时除了生长基元叠合到生长界面外，处于饱和甚至过饱和状态的掺杂离子就会成核，生长界面生长推进时，成核的掺杂离子就会被包裹生长到晶体中。由于晶体界面不同位置的温度降低会有差异，因此不同位置的熔体的饱和程度不同，产生的成核状况也不相同，因此被包裹生长入晶体中的成核杂质浓度也会因位置的不同而有差异，在生长界面产生类似胞状的区域分布，也是组分过冷会使晶体的生长界面出现胞状结构的微观机制。

对于 $k_0 < 1$ 的非平界面的生长体系，例如，提拉法凸界面生长中，靠近生长轴的部位和晶体的边沿部位，由于生长形成的时间不同，中心部位的离子浓度就会低于边沿部位的离子浓度，因此不同部位正常生长时的结晶温度就会产生差异。同时由于温度的降低使得熔体对杂质的溶解度降低，掺杂离子很容易因过饱和而形成溶质颗粒，被生长界面包裹进入晶体。由于生长界面不同部位对应的晶体生长边界层受到的液流和熔体温度 (熔体中存在纵向温度梯度，不同深度对应不同温度) 的影响不同，因此，界面附近不同部位的晶体生长边界层的厚薄是不一样的，晶体生长边界层中不同部位掺杂离子的扩散条件也存在着差异，在凸界面不同部位的晶

体生长边界层中的杂质浓度也不相同。由于温度的降低是由扰动所引起的，所以在界面附近的不同区域所形成的扰动分布是不均匀的，不同区域产生的溶质的过饱和程度也会产生差异。因此凸生长界面上受到温度降低扰动产生的组分过冷胞状结构缺陷，不会分布在晶体的同一截面上。由此可见，不同生长界面的组分过冷胞状结构形成的微观机制的差异，会使其分布状况有所不同。

$k_0 < 1$ 的掺杂晶体平界面生长时，由于分凝的存在，晶体生长边界层内的溶质浓度要高于熔体中的平均浓度，因此当出现温度降低的扰动时就会产生组分过冷缺陷，其形成的机制与上段相同。

7.6 多晶形成的微观机制

固体材料除单晶和非晶态物质之外主要是以多晶的形式存在，熔体法生长晶体，有时也会因种种原因造成熔体凝固成多晶。避免在生长单晶时出现多晶缺陷，也是晶体生长的重要研究内容。为此研究多晶形成的微观机制是解决多晶缺陷问题的关键。

我们以熔体如何形成多晶为例，分析多晶形成的微观机制。在某种物质的熔体中，如 CsB_3O_5 的熔体中，存在链状 BO 基团和游离的 Cs^+，当这些结构基元的吉布斯自由能降低到一定值时，即温度降低到一定值后，链状的 BO 基团中的一个 B 原子由原来的三配位转变成了四配位，从而使链状的 BO 结构基元相互链接成网络结构的新的 BO 基团。同步辐射 CBO 晶体表面熔化膜的掠入射衍射实验证实，网络状的 BO 基团就是 CBO 晶体单胞的骨架结构。在晶体生长边界层内，它是有确定取向的"亚晶格"生长基元，其取向是受籽晶静电场作用的结果。实验还表明，CBO 晶体的网络状骨架结构起初在晶体生长边界层内形成的时候，尚未和 Cs^+ 形成键链，因而此时的骨架结构虽然已有单胞结构的特征，但尚未形成真正的 CBO 晶体的单胞。当网络状的 BO 基团和 Cs^+ 的吉布斯自由能进一步下降时，Cs^+ 就会和网络状的 BO 基团骨架键链，形成 CBO 晶体的单胞结构，此时其取向和籽晶取向已完全一致，这些结果在第 4 章中已有比较详细的论述。

但是在没有籽晶的状态下，CBO 晶体的熔体在温度下降时，熔体中的链状的 BO 基团也将相互链接形成网络状的 CBO 晶体单胞的骨架，温度再进一步下降时，骨架结构同样会和游离的 Cs^+ 相互链接形成完整的单胞结构，成为晶核。由于没有籽晶静电场的作用，这些晶核取向是随机的，在这种情况下，晶核就成为籽晶，并在其周围形成晶体生长边界层，在边界层内的网络状的 BO 结构基元和 Cs^+ 键链后形成的生长基元就会在晶核籽晶静电场的作用下获得一定的取向，最终叠合到晶面上。由于熔体在温度下降时形成的晶核数量众多，且取向随机，以这些晶核为籽晶的晶体生长的空间就受到了限制，因此每个晶粒都不会长得很大，彼此挤在一起, 而且彼此取向不一定相同, 此时熔体就形成了由无数细小晶粒所构成的多晶结构, 所有由液态形成的固态多晶基本上都是这样的一个过程, 因此晶体边界层生长模型就可以很好地说明多晶形成的微观机制。

多晶在 NaCl 水溶液中的形成过程也基本相同, 当 NaCl 水溶液由于温度下降使其溶解的 NaCl 过饱和时, 游离的 Na^+ 和 Cl^- 就会相互链接形成具有 NaCl 单胞结构特征的晶核, 其周围也同时形成 NaCl 的晶体生长边界层, 在边界层内由 Cl^- 和 Na^+ 链接形成的具有单胞结构的生长基元在晶核静电场的作用下, 获得了与晶核晶面静电场相一致的取向, 最终叠合到晶核的晶面上, 形成了以晶核为中心的小单晶粒。由于最初形成的晶核数量众多, 晶核的取向是无序的, 因此形成 NaCl 多晶的每个晶粒的取向也是无序的, 在这些小晶粒生长形成的同时, 水溶液中 NaCl 的浓度降低, 生成的小晶粒的生长边界层中的 Cl^- 和 Na^+ 与溶液中的 Cl^- 和 Na^+ 达到动态平衡, 不再长大, 而是在重力的作用下, 沉到溶液的底部。如果温度再进一步降低, NaCl 水溶液又会在新的温度条件下达到新的过饱和, 产生新的小晶粒沉降, 如此往复, 大量的小晶粒就会从溶液中析出。水蒸发使 NaCl 小晶粒从溶液中析出也可以用同样的道理做出解释。气相生长时多晶的形成过程也和此相类似, 我们就不再一一分析了。

了解了多晶形成的微观机制, 在晶体生长的工艺设计时应尽量避免自发成核现象的出现。此外, 在研制新晶体时, 还可以利用熔体在狭缝中自发成核数量较少的原理制备籽晶。

7.7　晶体生长习性的微观机制

7.7.1　晶体生长习性和相关晶体生长习性的研究

仲维卓先生在其《晶体生长形态学》一书中指出: 晶体生长习性是指一种晶体在一定生长物理、化学条件下的结晶形态特征, 同一种晶体在不同的生长条件下, 其结晶形态也会有所不同[8]。因为晶体的结晶形态除了与晶体内部的结构有关外, 还与生长时的物理、化学条件密切相关。研究晶体的生长习性就需要把晶体内部结构 (内因) 与生长时的条件 (外因) 密切结合起来, 它是研究晶体生长机理的一个重要途径。该书还指出: 晶体的结晶形态是由不同面族 (单形) 组合而成的, 晶体中各个面族的显露程度表现在晶体的结晶形态特征上, 晶体结晶形态的变化是由晶体中各个面族生长速率比例发生改变所造成的。

另外, PBC 理论通过强键在晶面的数量, 也就是 PBC 矢量的数量, 描述了晶面法向生长速度的快慢和它们的关系, 指出在 F 面上只含有两个或两个以上 PBC 矢量的晶面, 当相应的结构基元结合到 F 面上时, 只形成为数较少的强键 (在图

7.7 中只形成垂直于该面本身的一个强键),故 F 面的附着能小,生长速度最慢,是容易显露的晶面;对只含有一个 PBC 矢量的晶面称为 S 面,或台阶面,当相应的结构基元结合到 S 面上时,所形成的强键至少要比 F 面多一个 (在图 7.7 中为两个),所以其生长速度也较慢,显露的晶面相对较小;不含有 PBC 矢量的平面称为 K 面,也称为扭折面,当相应的结构基元结合到 K 面上时,形成强键的数目又比 S 面要多一个 (在图 7.7 中为三个),附着能最大,因此其生长速率最快,晶面容易被掩埋。

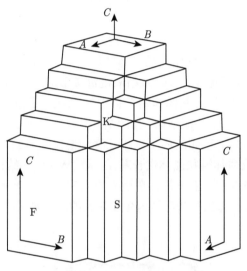

图 7.7 根据 PBC 矢量确定晶面类型

尽管仲维卓先生和 PBC 周期键链理论对晶体生长习性形成的描述有所不同,但本质都是通过晶面生长的快慢,说明晶体在非强制生长的条件下晶面显露和淹没的规律。本节将通过激光显微拉曼光谱对晶体生长边界层内生长基元特征拉曼峰的形成或消失,以及形成这些拉曼特征峰的化学键的振动模式和这些化学键所处的晶面,从实验的角度描述晶体生长习性形成的微观机制。

Hartman 和 Bennema 在 PBC 理论基础之上,提出了附着能 (attachment energy) 模型,即 AE 模型,形成了现代 PBC 理论[9-13]。现代 PBC 理论提出了定量计算晶面生长速率的方法,由此可预测晶体的理论生长习性。它既考虑了晶体结构因素,又深入考虑了原子 (分子) 之间的键链性质,并且从晶体结构出发,将晶体在结晶方向上分成若干薄片层,计算出这些薄片层叠合到晶体晶面上的叠合能,把晶面的生长速率同叠合能的大小相联系,从而能够比较定量地描述晶体生长的形貌特征,因此用 PBC 理论解释晶体的理想形态比较成功。近年来,PBC 理论得到了十分广泛的应用。

7.7.2　KGW 晶体生长基元的演变及生长习性预测

分析 KGW 晶体生长界面附近的拉曼光谱 (见第 3 章) 的结果可知，在晶体生长的高温溶液中游离的 $[WO_4]$ 四面体是其基本的结构基元，从进入边界层直到生长界面处，游离的 $[WO_4]$ 四面体的特征拉曼峰的强度开始逐渐降低，$[WO_6]$ 八面体、WOOW 双桥氧键和 WOW 桥氧键的特征拉曼峰开始出现，并且其强度随其距生长界面距离的减小而逐渐增强。这是由游离的 $[WO_4]$ 四面体结构基元进入边界层后，逐渐转化为带状 $[WO_6]$ 八面体结构基元所致，转化的方式是通过形成 WOOW 双桥氧键和 WOW 桥氧键来实现的。

通过分析 KGW 晶体在晶体生长边界层内的拉曼光谱，还可以获得 $[WO_4]$ 四面体转化成 $[WO_6]$ 八面体链状结构的具体转化方式。在图 7.8(a) 中，两个游离的 $[WO_4]$ 四面体结构基元通过 WOOW 双桥氧键链接形成 $[WO_4]_2$ 基团。两个 $[WO_4]_2$ 基团之间，或者一个 $[WO_4]_2$ 基团和两个自由的 $[WO_4]$ 四面体之间，通过 WOW 单桥氧键链接形成 $[WO_4]_4$ 基团结构，如图 7.8(b), (c) 所示。这些游离的 $[WO_4]$ 四面体、$[WO_4]_2$ 和 $[WO_4]_4$ 基团间还可以相互继续链接，形成具有 KGW 晶体单胞结构特征的 $[WO_6]$ 八面体链状晶体生长基元，即 $(W_2O_8)_n$ 结构。其在边界层内的特征拉曼峰逐渐增强显示，生长基元在边界层内的数量逐渐增多或长大，同时同步辐射 X 射线衍射对晶体生长边界层内生长基元的研究结果告诉我们，这些生长基

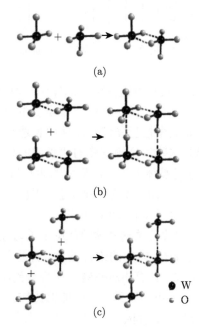

图 7.8　在 KGW 生长边界层中自由的 $[WO_4]$ 四面体转化成 $[WO_6]$ 八面体的链状结构示意图

元在生长界面静电场的作用下取向已和生长界面一致，形成了一定的有序度。最后，$(W_2O_8)_n$ 链状生长基元在边界层内与 Gd^{3+}、K^+ 继续链接，形成了具有 KGW 晶体单胞结构的生长基元，这些生长基元逐渐叠合到生长界面上，完成晶体生长。

根据以上晶体生长基元在边界层中的演变机制，对 KGW 晶体生长习性进行了研究分析。根据第 1 章介绍的晶体形貌和各个面生长速率的关系可知，晶体的形貌一般是由晶体的生长面以及各个面的相对生长速率决定的，在晶体生长的最终形貌中，生长速率较快的面趋向于消失，生长速率较慢的面趋向于显露出来。根据 PBC 理论，在结晶过程中一个结构基元结合到晶体表面上时所释放的键能为键合能，成键所需的时间随键能的增大而减小，因而晶面的法向生长速度将随晶面附着能的增大而增大。由于生长过程中快面淹没、慢面显露，而键合能的大小决定了界面法向生长速度，故键合能的大小也决定了晶体生长形貌[14,15]。

因此，分析 KGW 晶体的某一晶面中含有的化学键的强弱，就可以预知该晶面在生长过程中是否会显露的习性。在 KGW-$K_2W_2O_7$ 生长体系的高温溶液中，基本结构单元是游离的 [WO_4] 四面体和游离的 Gd^{3+}、K^+；晶体单胞结构中的 WOOW 双桥氧键以及 WOW 单桥氧键是在晶体生长边界层内由 [WO_4] 四面体相互键链形成的，Gd—O、K—O 等键是在边界层内最后形成的。由于 [WO_4] 四面体稳定地存在于高温溶液中，因此 [WO_4] 四面体中的 W—O 键是键能最强的键；而 WOOW 双桥氧键以及 WOW 单桥氧键是在边界层中形成的，因此其键能弱于 W—O 键；Gd—O、K—O 等键是最后形成的，其键能最弱。在 KGW 晶体结构中，通过分析 KGW 晶体晶面的化学键得知，(110)，$(1\bar{1}0)$ 和 (010) 三个晶面内，如图 7.9 所示，没有包含 [WO_4] 四面体中的 W—O 键、WOOW 双桥氧键以及 WOW 单桥氧键等强键，

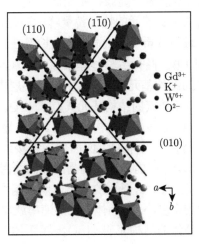

图 7.9 KGW 晶体结构中的 (110)，$(1\bar{1}0)$ 和 (010) 三个晶面示意图

因此这三个晶面在生长过程中生长速率较慢,会在晶体的最终形貌中显露出来。Pujol
等[16] 报道的 KGW 晶体生长的最终形貌中,{110}和{010}等系列晶面是显露较大
的面,如图 7.10 所示,这与我们对 KGW 晶体生长过程中的结构基元和生长基元
的特征拉曼峰及其演化分析的结果是完全一致的[9,10]。

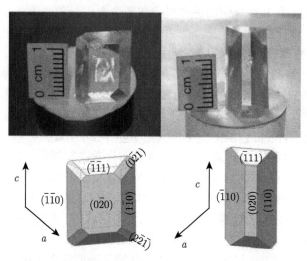

图 7.10　KGW 晶体生长的最终形貌图片,{110}和{010}等系列晶面显露较大

7.7.3　LBO 晶体生长习性研究

　　LBO 晶体是一个重要的非线性晶体,研究其生长习性可为其生长工艺的研究
提供重要参考。我们将通过高温激光显微拉曼光谱,研究其在高温溶液中的结构基
元,和晶体生长边界层内的生长基元的特征拉曼峰的演化,获得 LBO 晶体中强弱
键的结构基元及其分布,进而分析 LBO 晶体的生长习性。

　　激光显微拉曼光谱对 LBO 晶体生长过程原位实时观测的结果表明,在高温溶
液中 $B_3\emptyset_6$ 六元环是主要的结构基元;在晶体生长边界层内,结构基元中部分 B 由
三配位演变为四配位,使相互链接的结构基元具有了 $[B\emptyset_4]$ 四面体结构。形成的环
状硼氧生长基元具有了 LBO 晶体单胞结构的特征。激光显微拉曼光谱显示,$[B\emptyset_4]$
四面体是网络框架中的"链接件",$[B\emptyset_4]$ 四面体的连接或是断裂是晶体生长基元
形成或解体的关键,因此 $[B\emptyset_4]$ 四面体在不同晶面上的面密度决定了晶面的生长习
性。$[B\emptyset_4]$ 四面体所在晶面密度越大,晶体的生长速率就越快,该晶面就越容易淹没;
若 $[B\emptyset_4]$ 四面体所在晶面的密度小,则晶体生长的速率就比较慢,晶面就能够显露,
如图 7.11 所示。LBO 单晶体的结构表明,$[B\emptyset_4]$ 四面体在{100}面族的密度最高,
其次是{201}面族,{011}面族 $[B\emptyset_4]$ 四面体的面密度最小,所以可以预知{100}面
族是被淹没的晶面,而{011}面族应是最容易显露的晶面,{201}面族也能在晶体生

长过程中显露。大量的高温溶液中生长的 LBO 晶体实验都证实了晶面显露的分析[17-23]，高温显微拉曼光谱对 LBO 晶体生长边界层内生长基元结构的分析对晶面显露的预测也证实，{100}面族很少显露，较为常见的显露面为{011}和{201}面族，如图 7.12 所示。

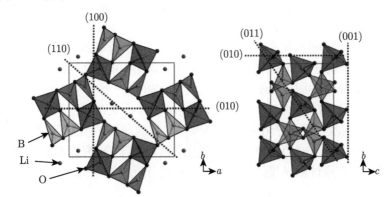

图 7.11　LBO 晶胞在 (001) 面与 (100) 面上的投影

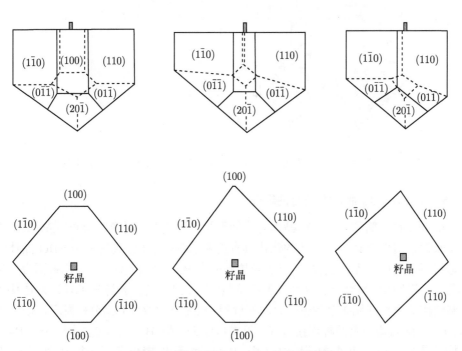

图 7.12　助溶剂生长 LBO 晶体形貌图

　　LBO 晶体高温显微拉曼光谱的研究表明，晶体的生长习性是晶体生长边界层内 LBO 生长基元微观结构的演化的必然结果。因此晶体生长微观机制的研究不但可以揭示晶体生长的微观规律，也揭示了晶体生长的微观规律和宏观生长规律之间的相互关系。

7.7.4　CBO 晶体生长习性研究

CBO 晶体是一个优良的非线性晶体，我们已对其晶体生长边界层进行了激光显微拉曼光谱研究，晶体生长边界层的高温拉曼光谱显示，晶体在熔化的过程中，首先断裂的化学键是链接两个硼酸根基元的 B—O—B 桥氧键，说明在三硼酸根基团中 B—O—B 桥氧键是最弱的键。根据 CBO 晶体结构的分析可以得出，该键包含在 $[BO_4]$ 四面体所在的面内，而 $[BO_4]$ 四面体所在的面平行于 (101), $(\bar{1}01)$, $(10\bar{1})$, $(\bar{1}0\bar{1})$, (011), $(0\bar{1}1)$, $(01\bar{1})$ 和 $(0\bar{1}\bar{1})$ 面，即 B—O—B 桥氧键平行于这些面。根据晶体生长形态学理论[1]，弱键所在的晶面是容易显露的晶面，所以可以判断这些面都是容易显露的面，图 7.13 为 (011) 面示意图。常峰等[24] 研究了 CBO 晶体的生长形态，结果与我们通过激光显微拉曼光谱的实验分析结果一致。

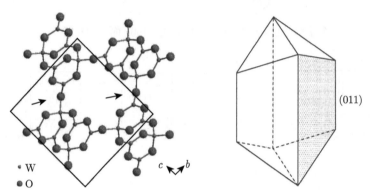

图 7.13　CBO 晶体生长形态以及晶体内部沿 a 轴方向链接示意图

7.7.5　α-BaB₂O₄ 晶体生长习性研究

$\alpha\text{-BaB}_2\text{O}_4$ (简称 α-BBO) 晶体是陈创天等发明的"中国牌"非线性晶体，研究其生长习性对该晶体生长工艺的优化具有重要的参考价值。通过对 α-BBO 晶体生长边界层高温拉曼光谱的解析，以生长边界层内 Ba^{2+} 和 $[B_3O_6]^{3-}$ 结构基团为生长基元，二者之间以桥氧键相互连接形成单胞结构。晶体的生长过程可以认为是具有单胞结构的生长基元叠合到生长界面的过程。激光显微拉曼光谱分析发现，Ba^{2+} 和 $[B_3O_6]^{3-}$ 结构基团有两种连接方式 (图 7.14)，S1 是：Ba^{2+}—3$[B_3O_6]^{3-}$ 环—Ba^{2+} 结构 (图 7.14(a))，两个 Ba^{2+} 由 3 个 $[B_3O_6]^{3-}$ 环连接起来，两个 Ba^{2+} 之间连线的方向是 $\langle 0001 \rangle$ 方向；S2 是：Ba^{2+}—2$[B_3O_6]^{3-}$ 环—Ba^{2+} 结构 (图 7.14(b))，两个 Ba^{2+} 由 2 个 $[B_3O_6]^{3-}$ 环连接起来，两个 Ba^{2+} 之间连线的方向是 $\langle 10\bar{1}10 \rangle$ 方向。

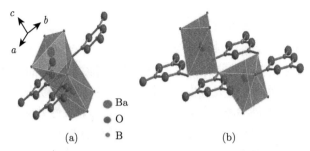

图 7.14 Ba^{2+} 和 $[B_3O_6]^{3-}$ 结构基团相连接的两种方式

由此可得，在 α-BBO 晶体中有三种周期键链，分别是沿 S1-S1-S1-S1 链接方向的 PBC1，该周期键链平行于 $\{10\bar{1}2\}$ 面 (图 7.15 (a))；沿 S1-S2-S1-S2 链接方向的 PBC2，该周期键链平行于 $\{01\bar{1}4\}$ 面 (图 7.15(b))；沿 S2-S2-S2-S2 链接方向的 PBC3，该周期键链平行于 $\{10\bar{1}10\}$ 面 (7.15(c))。

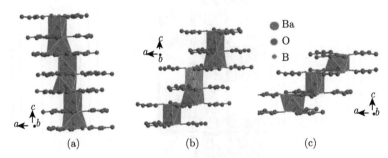

图 7.15 α-BBO 晶体结构 c 轴的投影

在 α-BBO 晶体生长过程中，生长基元将按照这三种周期键链的方式叠合到生长界面上，如果生长基元是按 S1-S2-S1-S2 链接方向的键链叠合生长，就构成了 $\{10\bar{1}2\}$ 和 $\{01\bar{1}4\}$ 面，按 S2-S2-S2-S2 链接方向的键链叠合生长，就构成了 $\{10\bar{1}10\}$ 面。实验结果表明 $\{10\bar{1}10\}$、$\{10\bar{1}2\}$ 和 $\{01\bar{1}4\}$ 等面是容易显露的晶面，实验结果与理论分析结果十分符合。图 7.16 是 α-BBO 晶体沿 c 轴生长的形貌图和赤平投影图，向上的表面正是 $\{10\bar{1}10\}$ 面或 $\{01\bar{1}4\}$ 面，侧表面为 $\{10\bar{1}2\}$ 面。

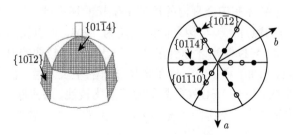

图 7.16 α-BBO 晶体沿 c 轴生长的形貌图和赤平投影图

7.7.6　BaBPO₅ 晶体生长习性研究[24]

BaBPO₅ 晶体是一紫外非线性晶体，由于晶体中含有 [PO₄] 四面体和 [BO₄] 四面体，因此其非线性光学效应兼有磷酸盐和硼酸盐非线性晶体的一些优点，其非线性效应稍大于 KDP 晶体，研究其生长习性为进一步深入研究该晶体的生长工艺，制备出高质量的晶体提供参考，也可为进一步研究其非线性效应提供优质晶体。

采用高温显微拉曼光谱对 BaBPO₅ 晶体生长边界层研究时发现，[PO₄] 四面体和 [BO₄] 四面体在晶体生长边界层内，通过氧桥键连接形成 BPO₇ 基团，构成了 BaBPO₅ 晶体的晶体生长基元。BaBPO₅ 晶体生长时，可以看成是生长基元在生长界面静电场的作用下叠合生长到生长界面上，叠合方式如图 7.17 所示。

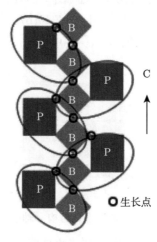

图 7.17　BaBPO₅ 晶体生长基元叠加示意图

沿 c 轴方向每个生长基元都有 4 个顶角和其他生长基元连接，而在 a 轴和 b 轴方向生长基元靠 Ba—O 键连接，如图 7.18 所示，相对 B—O 和 P—O 键来说键强较弱，因此与 c 轴垂直的 (001) 面生长速率快，而 (100) 和 (010) 面的生长速率慢，但从 a 向与 b 向原子的连接方式来看，二者差别不大，可以推测 (100) 和 (010) 面的生长速率也不会有太大差别，但 (100) 和 (010) 面显露的概率要大于 (001) 面，图 7.19 是 BaBPO₅ 晶体在铂金舟内的溶液中生长的形态图，图中的左侧是生长出的晶体在铂金舟内的照片，棱与棱之间的夹角为 120°，可以认定显露出来的侧面为 (100) 和 (010) 面，与拉曼光谱分析在这两个晶面上有较弱的 Ba—O 键相符，所以 BaBPO₅ 晶体有 (100) 和 (010) 晶面容易显露的生长习性。由于晶体生长在相对宽且浅的铂金舟内，生长 BaBPO₅ 晶体的溶液比较浅，与舟底垂直的方向，生长受到了限制，因此晶体生长形态除了与晶体晶面上的晶键的强弱有关外，也受到了生长环境的限制。

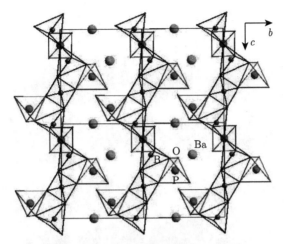

图 7.18 沿 ⟨100⟩ 方向观察 BaBPO₅ 晶体结构

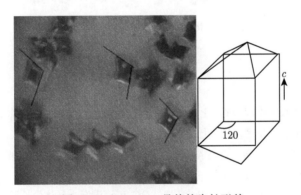

图 7.19 BaBPO₅ 晶体的生长形貌

7.7.7 $Bi_4Ge_3O_{12}$ 晶体生长习性研究[25]

$Bi_4Ge_3O_{12}$(简称 BGO) 晶体是优良的闪烁晶体，曾大量用在欧洲核子中心的大型强子对撞机中，对基本粒子的研究做出过重要贡献。由于该晶体是同成分熔融的晶体，组分在生长过程中比较稳定，因此我们把该晶体作为一个有代表性的晶体，采用激光显微拉曼光谱研究其晶体生长微观机理。

激光显微拉曼光谱显示[26]，BGO 熔体中的结构基元主要是 [GeO_4] 四面体和游离的 Bi^{2+}，[GeO_4] 四面体和 [BiO_6] 畸变八面体是晶体生长边界层内的结构基元；这些结果显示 BGO 晶体熔化时 [BiO_6] 畸变八面体的结构已在熔体中消失，因此 BGO 晶体熔化时首先断裂的是 Bi—O 键，所以 Bi—O 键也是晶体中键强最弱的键。Bi—O 键富集的平面平行于晶体中的 (211) 面 (图 7.20)，所以 BGO 晶体在生长时应有 (211) 面最易显露的生长习性，实际晶体生长的形态与拉曼光谱分析的结果相符。

图 7.20　$Bi_4Ge_3O_{12}$ 晶体在 (211) 面上的投影

参 考 文 献

[1] 闵乃本. 晶体生长的物理基础. 上海: 上海科学技术出版社, 1982: 453, 454.

[2] 闵乃本. 晶体生长的物理基础. 上海: 上海科学技术出版社, 1982: 458.

[3] 刘晓阳, 刘伟, 曾繁明, 等. Yb:YAG 激光晶体生长与开裂分析. 长春理工大学学报 (自然科学版), 2005, 28(4): 113-115.

[4] 刘文莉, 王成伟, 孙晶, 等. Cr, Yb, Ho:YAGG 可调谐激光晶体生长及开裂研究. 人工晶体学报, 2006, 35(2): 213-216.

[5] 张强勇, 张宁, 王圣来, 等. 大尺寸 KDP 晶体生长开裂的尺度效应分析. 功能材料, 2009, 40(9): 1584-1587.

[6] 那木吉拉图, 袁兵, 阮永丰, 等. 稀土离子在 $LiYF_4$ 晶体中的有效分凝系数. 硅酸盐学报, 2001, 29(6): 584-586.

[7] 闵乃本. 晶体生长的物理基础. 上海: 上海科学技术出版社, 1982: 193.

[8] 仲维卓, 华素坤. 晶体生长形态学. 北京: 科学出版社, 1999: 260.

[9] Hartman P, Perdok W G. Proc. Koninkl. Nederland Akad Wetenschap. Acta. Cryat., 1952, B55: 34.

[10] Hartman P, Perdok W G. On the Relation Between Structure and Morphology of Crystals. Ⅰ. Acta. Cryst., 1955, 8: 49-52.

[11] Hartman P, Perdok W G. On the Relation Between Structure and Morphology of Crystals. Ⅱ. Acta. Cryst., 1955, 8: 521-524.

[12] Hartman P, Perdok W G. On the Relation Between Structure and Morphology of Crystals. III. Acta. Cryst., 1955, 8: 525-529.

[13] Hartman P. Crystal Growth. Amsterdam: North-Holland Pub. Co., 1973: 367.

[14] 闵乃本. 晶体生长的物理基础. 上海: 上海科学技术出版社, 1982: 437.

[15] Brunsteiner M, Jones A G, Pratola F, et al. Toward a molecular understanding of crystal agglomeration. Cryst. Growth Des., 2005, 5(1): 3–16.

[16] Pujol M C, Cascales C, Aguiloand M C, et al. Crystal growth, crystal field evaluation and spectroscopy for thulium in monoclinic $KGd(WO_4)_2$ and $KLu(WO_4)_2$ laser crystals. Journal of Physics: Condensed Matter, 2008, 20(34): 345219.

[17] Silvestre O, Pujol M C, Güell F, et al. Crystal growth and spectroscopic analysis of codoped (Ho, Tm): $KGd(WO_4)_2$. Appl. Phys. B, 2007, 87(1): 111–117.

[18] 董胜明, 刘信华, 孙连科. 三硼酸锂晶体生长中添加剂的探索研究. 人工晶体学报. 2000, (S1) 5.

[19] 郝志武, 马晓梅. 高质量非线性光学晶体三硼酸锂 (LBO) 的熔盐生长. 人工晶体学报. 2002, 31(2): 124-126.

[20] Kim J W, Yoon C S, Gallagher H G. The effect of NaCl melt-additive on the growth and morphology of LiB_3O_5(LBO) crystals. Journal of Crystal Growth, 2001, 222(4): 760-766.

[21] Parfeniuk C, Samarasekera I V, Weinberg F. Growth of lithium triborate crystal I. Mathematical Model. Journal of Crystal Growth, 1996, 158(4): 514-522.

[22] Parfeniuk C, Samarasekera I V, Weinberg F, et al. Growth of lithium triborate crystal II. Experimental Results. Journal of Crystal Growth, 1996, 158(4): 523-533.

[23] Pylneva N A, Kononova N G, Yukin A M, et al. Growth and Non-linear optical properties of lithium triborate crystals. Journal of Crystal Growth, 1999, 198/199(1): 546-550.

[24] Chang F, Fu P Z, Wu Y C, et al. Growth of large CsB_3O_5 crystals. Journal of Crystal Growth, 2005, 277(1-4): 298-302.

[25] Zhang J, Wang D, Zhang D M, et al. *In situ* investigation of $BaBPO_5$ crystal growth mechanism by high-temperature Raman spectroscopy. Journal of Molecular Structure, 2017, 1138: 50-54.

[26] Zhang X, Yin S T, Wan S M, et al. Raman spectra analysis on the solid liquid boundary layer of BGO crystal growth. Chinese Physics Letter, 2007, 24(7): 1898.

第 8 章 助溶剂助溶作用微观机理初步研究

助溶剂法是一种重要的晶体生长方法, 非一致熔融晶体都必须采用助溶剂法 (包括自助溶和其他的助溶剂助溶) 生长。部分高熔点的同成分熔融晶体, 以及熔点下有相变的晶体, 采用助溶剂法生长可以较大幅度地降低晶体生长的结晶温度, 使晶体在较低的温度 (或在低于相变温度) 下生长出来。我们已经采用高温显微拉曼光谱技术研究了这类晶体生长的微观机理, 实验证明了这类晶体生长时同样存在着晶体生长边界层, 生长基元在边界层内已具有晶胞的结构特征。

然而在研究助溶剂法生长晶体时发现, 不同的助溶剂对晶体质量的影响是不同的, 因此助溶剂的微观助溶机理研究就十分重要, 它可以为我们优选可生长高质量晶体的助溶剂提供依据。目前许多晶体的助溶剂基本上都是采用 "炒菜" 的方法筛选优化。对助溶剂的助溶机理的微观机制尚缺乏深入的研究, 在这一节中我们将对一些助溶剂生长的晶体在生长过程中助溶剂的作用机制进行分析, 为助溶剂生长的微观机理的深入研究提供参考。

8.1 助溶剂作用的微观机制探讨

采用助溶剂法生长晶体时, 生长晶体的类型不同, 选择的助溶剂也会不同, 优良助溶剂选择的首要条件是, 生长晶体的原料只是溶解在助溶剂中, 而不会与助溶剂形成新的晶相。其次, 还需要助溶剂有良好的助溶性能, 能够使生长晶体的结构基元在高温溶液中的演化有利于生长基元在边界层内形成, 同时高温溶液的黏度、导热等性能的改善, 有利于结构基元自由度的改善。

8.2 LBO 晶体自助溶生长和 MoO_3 助溶生长结构基元的分析[1,2]

LBO 晶体是一种可以以 B_2O_3 为自助溶剂 (相对于化学计量比的 LBO 晶体 B_2O_3 过量) 或以 MoO_3 为助溶剂生长的晶体, 采用 B_2O_3 为自助溶剂生长的晶体, 质量不理想。而采用优化的 MoO_3 为助溶剂, 生长出了质量优良的 LBO 晶体。我们以 B_2O_3 自助溶生长为参照, 分析 LBO 晶体生长在两种助溶剂条件下, 高温溶液结构的差异, 高温溶液结构基元的差异以及生长基元在边界层内的形成情况, 以获得具有一定普遍性的微观助溶机理，为选择优良助溶剂提供参考。

8.2.1　LBO 晶体两种助溶生长的高温溶液的拉曼光谱分析

LBO 晶体自助溶生长的高温溶液的拉曼光谱显示，其主要结构基元是硼氧大基团 B_3O_6；而以 MoO₃ 为助溶剂的高温溶液的拉曼光谱显示，硼氧大基团结构在助溶剂的作用下，断裂成一些短链的硼氧小基元，如 metaborate、pyroborate、orthoborate 等，这些硼氧结构小基元在高温溶液中的自由度增大，溶液的黏度变小。因此，这些小基元更容易进入晶体生长边界层，并在边界层内相互连接，形成具有单胞结构特征的生长基元，减小了晶体生长的难度。而 LBO 的自助溶生长时，由于高温溶液中硼氧结构基团是大基团，减弱了它们进入生长边界层的活动能力，给晶体生长造成了一定的难度。从上述的分析可知，对于生长同一晶体，助溶剂不同，高温溶液的性质也不同，晶体生长的效果也不一定相同。我们从 LBO 晶体两种助溶剂生长时高温溶液结构的对比研究中发现，良好的助溶剂在高温溶液中可以使构成晶体组分中的大基团结构分解成小基团，使溶液的黏度变小；或者助溶剂可以直接使高温溶液的黏度变小，增大结构基元的自由度，从而使生长基元比较容易达到和进入晶体生长边界层，有利于高质量晶体的生长。

8.2.2　把大基团裂解成较小的基团是优良的助溶剂作用机制

根据对 LBO 晶体自助溶生长和 MoO₃ 助溶剂生长中结构基元和生长基元微观结构演化的分析，以及对 BBO、CBO 等晶体助溶剂生长微观结构的分析表明，优良的助溶剂可以将硼酸盐等晶体高温溶液中较大的基团裂解成较小的基团，提高基团的自由度与活力，从而可以降低高温溶液的黏度，改善结构基元在生长过程中的输运条件，降低结晶温度，抑制组分挥发造成的晶体组分偏移，因而可以生长出较高质量的晶体，这就为助溶剂的选择提供了方向。上面助溶剂的优选原则虽然是在硼酸盐助溶剂生长微观结构的分析中获得的，并为生长实践所证实，但我们认为，该优选原则同样适用于非硼酸盐晶体生长的助溶剂选择。

8.2.3　MoO₃ 助溶剂作用机理

氧化钼 (MoO₃) 是目前 LBO 晶体生长采用的主要助溶剂，也是可以生长出高质量大尺寸 LBO 晶体的助溶剂。在 8.2.2 节中，我们已经知道 MoO₃ 助溶剂在 LBO 晶体生长时，可以使硼氧大基团裂解成硼氧小基元，改善了溶液的黏度和结构基元的输运条件，有利于 LBO 晶体的生长。在本小节中，我们将具体介绍 MoO₃ 助溶剂在高温溶液中的结构演化，以及结构基元与硼氧基元的相互作用，认识 MoO₃ 在 LBO 晶体生长过程中的作用机理。

MoO₃ 晶体在常温下存在两种晶体结构，它们分别为稳定的正交结构 (o-MoO₃) 与亚稳相单斜结构 (m-MoO₃)[3]。在 o-MoO₃ 晶体中钼离子占据畸变八面体的中心，畸变的八面体通过共边形成链式结构，再通过公用氧形成层状结构，八面体中最短的 Mo-O 形成非桥氧双键，因此八面体可表示为 $MoO\emptyset_{3/3}\emptyset_{2/2}$，每个钼离子分配 3 个氧离子[3]，晶体结构见图 8.1。在 m-MoO₃ 晶体中八面体通过公用顶角形成网格框架，八面体表示为 $Mo\emptyset_{6/2}$，每个钼离子同样是分配 3 个氧离子。

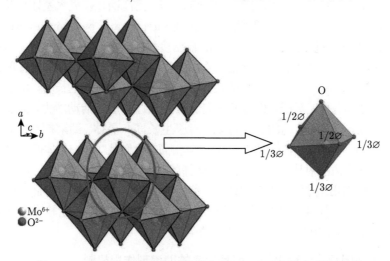

图 8.1　o-MoO_3 晶体结构示意图和 [MoO_6] 八面体 (后附彩图)

当 MoO_3 作为助溶剂掺入化学计量比的 LBO 生长原料中，并加热熔化冷却后形成冷凝体，在对冷凝体的激光拉曼光谱分析时，发现 MoO_3 晶体的结构已经发生演变，断裂为钼氧多面体结构基元，钼离子与氧离子的比例失衡，钼离子就会在高温溶液中与硼氧网络框架中的氧形成 Mo—O—B 键链。在这一过程中硼氧环状结构大基元被打断，形成大量具有非桥氧键的结构小基元 (如 metaborate、pyroborate、orthoborate 等)，在宏观上则表现为高温溶液的黏稠性降低，流动性变好[4-6]。下面的这个等式可以说明这一结构的演化过程。

$$7[Mo\emptyset_6] + \underset{\text{桥氧来自B—O—B}}{4\emptyset} \xrightleftharpoons[\text{}]{\text{晶态形成玻璃态}} 6[Mo\emptyset_5O] + [Mo\emptyset_4]$$

在冷凝体熔化形成的高温溶液中，Mo—O—B 键是不稳定的，在晶体生长边界层内，存在 [MoO_4] 四面体结构基元向 [MoO_6] 八面体结构基元转化。在 MoO_3 含量为 40wt% 的锂硼酸盐冷凝体的拉曼光谱中，[MoO_4] 四面体拉曼特征峰积分强度与 [MoO_6] 八面体的拉曼特征峰积分强度的比值由冷凝体中的 2.28 降到生长边界层中的 0.73(750℃时)。由这种转化证明了：高温溶液中的 [MoO_4] 与硼氧结构小基元连接，破坏了硼氧的网络框架结构，而 [MoO_6] 八面体处于硼氧结构网络间隙，起到平衡电荷的作用。

为了进一步说明 MoO_3 在高温溶液中和晶体生长边界层内的结构演化以及它们与硼氧基元的关系，我们计算了边界层内几种主要特征结构基元拉曼散射峰的积分强度比值，以及它们与测量点的关系，并表示在图 8.2 中。我们可以看出，在生长边界层内，硼氧环 (triborate) 基元的含量相对于 $[MoO_n]$ 多面体的含量显著增高，表明在生长边界层内，高温溶液中的硼氧小基元相互键链形成了具有 LBO 晶体单胞结构特征的硼氧环基元。$[MoO_4]$ 四面体拉曼峰积分强度与 $[MoO_6]$ 八面体的拉曼积分强度的比值 (图 8.2 中 920/948 线) 的减小，说明了在高温溶液中 $[MoO_4]$ 四面体与硼氧结构小基元 (如 metaborate、pyroborate、orthoborate) 存在相互弱连接；这些结构基元在晶体生长边界层内，由于 B—O 键能 (808kJ/mol) 要高于 Mo—O 键能 (560.2kJ/mol)，B—O—Mo 键中的 Mo—O 键优先断裂，$[MoO_4]$ 四面体脱离了与其有弱连接的硼氧结构小基元，这些硼氧结构小基元相互连接就会在生长边界层内逐渐形成具有 LBO 晶体单胞结构特征的生长基元。脱离了网络结构的 $[MoO_4]$ 四面体小基元，在相互连接时，基元中的钼离子会转变为氧占用数较低的形式，形成 $[MoO_6]$ 八面体结构。这就解释了在晶体生长边界层内，$[MoO_4]$ 四面体和 $[MoO_6]$ 八面体积分强度比值下降的原因。

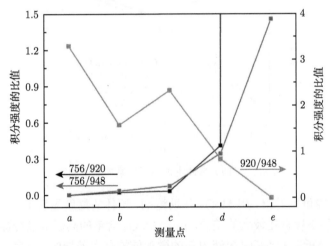

图 8.2　拉曼峰积分强度比值及它们测量点的关系 (后附彩图)

上述研究表明，以 MoO_3 为助溶剂的 LBO 晶体生长时，MoO_3 会在高温溶液中形成 $[MoO_4]$ 四面体小基元。在这些钼氧小基元的作用下，硼氧环被分割成硼氧结构小基元 (如 metaborate、pyroborate、orthoborate)，并与这些小基元产生弱连接，成为硼氧钼小基元，使高温溶液的黏度等物性得到改善，小基元的输运自由度得到提高，有利于高质量晶体的生长。在晶体生长边界层内，与硼氧小基元有弱连接的 $[MoO_4]$ 四面体小基元脱离硼氧小基元，完成了助溶过程。

　　LBO 晶体 MoO_3 助溶剂生长与 B_2O_3 自助溶生长比较，可以看出，MoO_3 助溶剂优良的关键在于：它能使硼氧大基团断裂为硼氧小基团，降低高温溶液黏度，提高小基元活动的自由度。在边界层内，助溶剂的结构基元会与生长晶体的结构基元分离，完成助溶但不与生长晶体的结构基元形成新相。因此采用助溶剂法生长其他含有大基元结构的晶体时，选择的助溶剂应与 MoO_3 在 LBO 晶体生长时有类似的作用机制。

8.3　微观作用机理推测的一些实验验证[7]

　　上述总结的优良助溶剂的助溶机理，在许多助溶剂生长晶体的实践中都得到了验证，例如，CBO 晶体生长时，用作助溶剂的 MoO_3 含量不同，熔体的黏度也会随之发生变化，如图 8.3 所示。

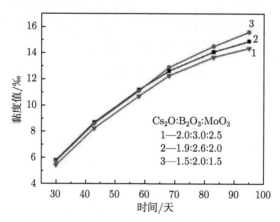

图 8.3　CBO 晶体生长不同体系的黏度曲线

　　由黏度曲线可以看出，用 MoO_3 作助溶剂，熔体的黏度显著下降，但 MoO_3 含量不同，熔体的黏度存在较大的差异。结合 MoO_3 含量的高温溶液冷凝体的拉曼散射谱 (图 8.4) 分析可知，高温溶液内部的微观结构是有差异的，黏度大的高温溶液是由溶液内部存在较大的网络结构所致。熔体的黏度较大，结构基元的自由度小，其在晶体生长过程中的输运受到了限制，最终影响了晶体的生长质量。而对于黏度较小的熔体，高温溶液内的结构基元由一些小的 B—O 基团或是 B—O 链组成，相对于大的结构基团其自由度显然增大，从而显著降低了高温溶液的黏度，有利于晶体生长过程中结构基元的输运；同时，由于 MoO_3 助溶使生长温度较同成分熔体生长，结晶温度有一定幅度的降低，减少了晶体生长过程中 B_2O_3 的组分挥发，使生长出的 CBO 晶体的组分偏离很小，质量得到了明显提高，如图 8.5 所示。

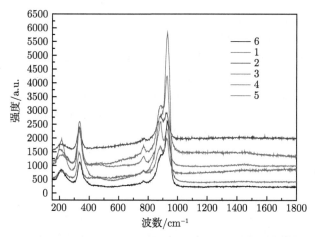

图 8.4   不同配比的 CsB_3O_5-Cs_2O-MoO_3-B_2O_3 体系的室温拉曼散射谱 (后附彩图)

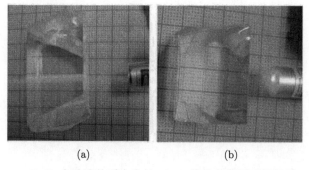

(a)   (b)

图 8.5 Cs_2O 自助溶体系中生长 CBO 晶体存在严重的散射 (a);
MoO_3 助溶体系中生长的无散射的 CBO 晶体 (b)

参 考 文 献

[1] Wang D, Zhang J, Zhang D M, et al. Structural investigation of Li_2O-B_2O_3-MoO_3 glasses and high-temperature solutions: Toward understanding the mechanism of flux-induced growth of lithium triborate crystal. CrystEngComm, 2013, 15(2): 356-364.

[2] Wang D, Wan S M, Yin S T, et al. High temperature Raman spectroscopy study on microstructures of the boundary layer around a growing LiB_3O_5 crystal. CrystEngComm, 2011, 13: 5329.

[3] Seguin L, Figlarz M, Cavagnat R, et al. Infrared and Raman spectra of MoO_3 molybdenum trioxide and $MoO_3 \cdot xH_2O$ molybdenum trioxide hydrates. Spectrochimica Acta Part A, 1995, 51(8): 1323-1344.

[4] Parfeniuk C, Samarasekera I V, Weinberg F. Growth of lithium triborate crystal Ⅰ.

　　　Mathematical model. Journal of Crystal Growth, 1996, 158(4): 514-522.

[5]　Parfeniuk C, Samarasekera I V, Weinberg F, et al. Growth of lithium triborate crystal
　　　II. Experimental results. Journal of Crystal Growth, 1996, 158(4): 523-533.

[6]　Pylneva N A, Kononova N G, Yukin A M, et al. Growth and non-linear optical properties
　　　of lithium triborate crystals. Journal of Crystal Growth, 1999, 198/199(1): 546-550.

[7]　Liu S S, Zhang G C, Li X M, et al. Growth and characterization of CsB_3O_5 crystals
　　　without scattering centers. CrystEngComm, 2012, 14(14): 4738-4744.

晶体生长边界层模型应用的展望

　　晶体生长学科被很多人看作是一门"技艺"，晶体生长工艺很难用现有的晶体生长理论进行设计，主要依赖晶体生长工作者的实践经验。新型的晶体生长边界层模型的创建，为我们把晶体生长学科由"技艺"走向"科学"开创了新方向。我们既然可以应用新型的晶体生长边界层模型对已发现的晶体生长宏观规律或经验规律的微观机制做出合理的解释，那么就有可能把这些宏观规律的微观机制作进一步研究和拓展，使它们成为晶体生长工艺设计的基础和依据。例如，我们通过晶体生长边界层模型理论认识到，掺杂晶体生长时，生长边界层内存在生长基元叠合到生长界面和未进入格位的掺杂离子向边界层外熔体扩散两个过程，利用两者之间在正常生长时的数量关系，就可以计算设计出生长这种晶体的生长速率。再如，温场设计是晶体生长最重要的工艺设计，我们已知生长基元晶面面间距在边界层内的变化是由边界层的温度梯度引起的，因此，可以设想，通过同步辐射 X 射线衍射获得导致生长基元在边界层内的面间距的变化的温度梯度，获得生长晶体的温度梯度。我们知道晶面面间距随温度而变化，因此也可以利用变温 XRD 在准静态条件下测量并获得已退火定向晶体的面间距随温度的变化规律，推算正常生长界面 (结晶温度) 的面间距，得到生长晶格畸变小的温度梯度。以温度梯度为基础，并根据采用的保温材料的热学性能及数值模拟方法，进一步设计出生长该晶体的温场结构和工艺参数。这些例子和设想，让我们看到晶体生长工艺是有可能通过应用晶体生长边界层模型理论以及晶体结构的基本数据和一些实验测试数据进行设计的。为了更好地把晶体生长边界层模型应用于晶体生长工艺设计，还需要建立一些数据库，例如，晶体的平衡分凝系数 k_0 数据库、定向晶体的面间距随温度变化规律数据库等。

　　总之，新型的晶体生长边界层模型为晶体生长工艺研究提供了发挥的空间，经过广大晶体生长工作者的创造和努力，晶体生长学科由"技艺"变为"科学"必将成为现实。

后　　记

晶体生长微观机理研究从立项到创建晶体生长边界层模型历经了近 20 年，在此期间研究工作在国家自然科学基金多个课题的持续资助下圆满完成，特向给予支持和帮助的国家自然科学基金委员会表示感谢!

通过同步辐射 X 射线衍射研究，突破了确定生长基元的结构和取向的难题。上海国家同步辐射实验室 (简称上海光源) 为我们提供了实验条件和指导，在此对上海光源的支持和帮助表示感谢!

通过高温显微拉曼光谱技术发现了晶体生长边界层的存在，感谢上海大学钢铁冶金新技术重点实验室及蒋国昌教授、尤静林教授为实验研究提供的设备及针对拉曼光谱解谱分析提供的帮助。

晶体生长微观机理的研究工作得到了沈德忠院士、吴以成院士、王继扬教授、仲维卓教授、于锡玲教授的支持和关心，在此深表感谢!

作者所在的实验室虽然是晶体生长实验室，但是晶体生长微观机理研究所用的数十个晶体只有少部分是在作者实验室生长的，其余的晶体都是由上海硅酸盐研究所任国浩教授、郑燕青教授、徐家跃教授 (现为上海应用技术大学教授)，以及中国科学院理化技术研究所和北京人工晶体所，电子部二十六所等单位友情提供的，在此深表感谢。

感谢中国科学技术大学尹协远教授、李芳教授为本书界面静电场的数值计算和绘图提供的支持和帮助。

作者在研究提拉法晶体生长的溶质输运对晶体质量的影响时，发现在晶体生长过程中溶质边界层的厚薄对晶体质量的好坏有很大的影响，并通过液流效应改善溶质边界层对溶质的输运条件，由此产生了晶体生长时是否存在生长边界层的猜想。此后作为于锡玲教授主持的国家自然科学基金重点项目的子课题，开展了熔融法晶体生长微观机理的研究，采用高温激光显微拉曼光谱技术成功地在国际上发现和报道了晶体生长边界层的存在，并证明晶体生长边界层普遍存在于同成分熔融、非同成分熔融及助溶剂法生长的各种类型的晶体生长过程中。

上海大学钢铁冶金新技术重点实验室、中国科学院理化技术研究所是作者负责的自然科学基金项目的合作研究单位，上海大学尤静林教授、中国科学院理化技术研究所付佩珍研究员、张国春研究员均是自然科学基金重点课题的子课题的负责人，他们的工作为晶体微观生长机理研究的突破及自然科学基金课题的完成做出了重要贡献，为本书内容增添了光彩。

　　中国科学院合肥物质科学研究院安徽光机所是关于晶体生长微观机理研究的多个国家自然科学基金项目的承担单位，除本书作者之外，王爱华教授、万松明研究员都是课题的主要成员，参加课题研究的还有张庆礼研究员、孙敦陆研究员，张德明副研究员是国家自然科学基金青年科学基金项目的负责人，主持了原位同步辐射 X 射线衍射技术研究晶体生长基元结构和取向的工作。

　　本书中的实验工作主要是由作者的博士研究生、硕士研究生以及万松明研究员、张庆礼研究员的研究生完成的。他们是：刘晓静硕士、仇怀利博士、张霞博士、苏静博士、周文平博士、王迪博士、张季博士、孙玉龙硕士、吕宪顺硕士、顾桂新硕士等 (按参加实验工作的时间顺序排列)。

　　张德明副研究员、孙彧博士参加了本书的部分编写工作。另外，彭方博士、何異博士参加了本书的部分文字处理和编辑工作。